U0185966

ANSYS 技术丛书

ANSYS Fluent 实例详解

胡　坤　胡婷婷　马海峰　顾中浩　编著

机械工业出版社

CHINA MACHINE PRESS

本书以大量实例详细描述了ANSYS Fluent软件在工程流体仿真计算中的应用过程,内容涵盖常规流动计算、传热计算、边界运动模拟、多相流计算、反应流与燃烧计算以及流固热耦合计算等方面。通过详尽的仿真实例操作描述,帮助读者快速掌握Fluent软件应用于工程问题的一般流程。书中实例操作中一些关键参数设置大多都提供了细节描述,读者在学习过程中不仅可以了解如何设置参数,还可以了解参数设置背后的意义。本书配套有相关实例模型文件,读者可以通过前言中提供的链接下载使用,此外,读者还可以通过书中提供的交流平台与编者进行互动。本书可以作为Fluent初学者快速入门的参考书,同时也可以为Fluent的中高级使用者提供参考和借鉴。

图书在版编目(CIP)数据

ANSYS Fluent实例详解 / 胡坤等编著 . —北京:机械工业出版社,2018.11(2024.3 重印)
  (ANSYS 技术丛书)
  ISBN 978-7-111-61201-8

Ⅰ . ① A… Ⅱ . ①胡… Ⅲ . ①工程力学 – 流体力学 – 有限元分析 – 应用软件 Ⅳ . ① TB126-39

中国版本图书馆 CIP 数据核字(2018)第 243674 号

机械工业出版社(北京市百万庄大街 22 号 邮政编码 100037)
策划编辑:徐 强   责任编辑:徐 强
责任校对:杜雨霏 张 薇 封面设计:鞠 杨
责任印制:单爱军
保定市中画美凯印刷有限公司印刷
2024 年 3 月第 1 版第 11 次印刷
184mm × 260mm · 20 印张 · 509 千字
标准书号:ISBN 978-7-111-61201-8
定价:75.00 元

前　言

　　ANSYS Fluent 是一款通用流体计算软件，其提供了包含流体流动、传热、多相流、化学反应及燃烧、动网格等众多计算模型，目前被广泛地应用于工业领域。

　　作为一款通用软件，Fluent 在提供强大功能的同时，其复杂的软件操作也对使用者提出了更高的要求。在产品开发周期越来越短的今天，过长的软件学习周期对于产品开发人员来讲无疑是难以接受的，如何快速地将 Fluent 应用于工程中，同时尽可能短地缩短其学习周期，对于工程技术人员来讲是至关重要的。

　　"工欲善其事必先利其器"，想要快速地应用工具而不被工具所累，使用者必须要做到了解工具、熟悉工具的使用原则，之后才能更有效地使用工具。然而在实际工程应用中，人们对 Fluent 的功能需求往往只是其中很少的一部分，确实没有必要为了在某一领域使用 Fluent 而去全面学习软件的内部原理以及所有的使用操作。那么应该怎么做呢？

　　一个比较好的方法是做大量的标准实例，在做实例的过程中熟悉软件的工作原理，熟悉利用 Fluent 解决行业问题时的标准做法。本书基于此思路而写，书中将物理问题进行分类，并针对每一类问题选择多个有代表性的实例，每一个实例均包含了前后处理以及计算参数调整，同时对每一类问题均给出推荐的计算流程，相信经过大量此类实例的练习，读者能够在尽可能短的时间内掌握 Fluent 的基本使用流程，并真正将其应用于工程中。

　　本书的主要读者对象为企业产品研发人员、拥有流体力学背景的科研人员，以及对流体仿真感兴趣的人员。

　　本书中的实例文件保存在网盘中（链接：https://pan.baidu.com/s/1edEr_0wtihV1LfRAhPEyHQ 密码：e8dl），读者可自行下载。同时也欢迎读者加入 QQ 群（831446063）对本书中的内容进行交流和探讨。

群名称：ANSYS Fluent
实例详解
群　号：831446063

目　录

第1章
ANSYS Fluent 基础

1.1　ANSYS Fluent 简介

Fluent 是 ANSYS CFD 的核心求解器，其拥有广泛的用户群。ANSYS Fluent 的主要特点及优势包括以下几个方面。

1. 湍流和噪声模型

Fluent 的湍流模型一直处于商业 CFD（Computational Fluid Dynamics，计算流体力学）软件的前沿，它提供的丰富的湍流模型中有经常使用到的湍流模型、针对强旋流和各相异性流的雷诺应力模型等，随着计算机能力的显著提高，Fluent 已经将大涡模拟（LES）纳入其标准模块，并且开发了更加高效的分离涡模型（DES），Fluent 提供的壁面函数和加强壁面处理的方法可以很好地处理壁面附近的流动问题。

气动声学在很多工业领域中备受关注，模拟起来却相当困难，如今，使用 Fluent 可以有多种方法计算由非稳态压力脉动引起的噪声。瞬态大涡模拟（LES）预测的表面压力可以使用 Fluent 内嵌的快速傅立叶变换（FFT）工具转换成频谱。Fflow-Williams&Hawkings 声学模型可以用于模拟从非流线型实体到旋转风机叶片等各式各样的噪声源的传播，宽带噪声源模型允许在稳态结果的基础上进行模拟，这是一个快速评估设计是否需要改进的非常实用的工具。

2. 动网格和运动网格

内燃机、阀门、弹体投放和火箭发射都是含有运动部件的例子，Fluent 提供的动网格（moving mesh）模型可以满足这些具有挑战性的应用需求。它提供了几种网格重构方案，根据需要用于同一模型中的不同运动部件仅需要定义初始网格和边界运动。动网格与 Fluent 提供的其他模型如雾化模型、燃烧模型、多相流模型、自由表面预测模型和可压缩流模型相兼容。搅拌槽、泵、涡轮机械中的周期性运动可以使用 Fluent 中的动网格模型进行模拟，滑移网格和多参考坐标系模型被证实非常可靠，并和其他相关模型如 LES 模型、化学反应模型和多相流模型等有很好的兼容性。

3. 传热、相变、辐射模型

许多流体流动伴随传热现象，Fluent 提供了一系列应用广泛的对流、热传导及辐射模型。对于热辐射，P1 和 Rossland 模型适用于介质光学厚度较大的环境，基于角系数的 surface to surface 模型适用于介质不参与辐射的情况，DO 模型（Discrete Ordinates）适用于包括玻璃的任何介质。DRTM 模型（Discrete Ray Tracing Module）也同样适用。太阳辐射模型使用了光线追踪算法，包含了一个光照计算器，它允许光照和阴影面积的可视化，这使得气候控制的模拟更加有意义。

其他与传热紧密相关的模型有汽蚀模型、可压缩流体模型、热交换器模型、壳导热模型、真实气体模型和湿蒸汽模型。相变模型可以追踪分析流体的融化和凝固。离散相模型（DPM）

可用于液滴和湿粒子的蒸发及煤的液化。易懂的附加源项和完备的热边界条件使得 Fluent 的传热模型成为满足各种模拟需要的成熟可靠的工具。

4. 化学反应模型

化学反应模型，尤其是湍流状态下的化学反应模型自 Fluent 软件诞生以来一直占据着重要的地位。多年来，Fluent 强大的化学反应模拟能力帮助工程师完成了对各种复杂燃烧过程的模拟。涡耗散概念、PDF 转换以及有限速率化学模型已经加入到 Fluent 的主要模型中。预测 NOx 生成的模型也被广泛地应用与定制。

许多工业应用中涉及发生在固体表面的化学反应。Fluent 表面反应模型可以用来分析气体和表面组分之间的化学反应及不同表面组分之间的化学反应，以确保表面沉积和蚀刻现象被准确预测。催化转化、气体重整、污染物控制装置及半导体制造等的模拟都受益于这一技术。

Fluent 的化学反应模型可以和大涡模拟及分离涡湍流模型联合使用，这些非稳态湍流模型耦合到化学反应模型中，人们才有可能预测火焰的稳定性及燃尽特性。

5. 多相流模型

多相流混合物广泛应用于工业中，Fluent 软件是多相流建模方面的领导者，其丰富的模拟能力可以帮助工程师洞察设备内那些难以探测的现象。Eulerian 多相流模型通过分别求解各相流动方程的方法分析相互渗透的各种流体或各相流体，对于颗粒相流体采用特殊的物理模型进行模拟。很多情况下，占用资源较少的混合模型也用来模拟颗粒相与非颗粒相的混合。Fluent 可用来模拟三相混合流（液、颗粒、气），如泥浆气泡柱和喷淋床的模拟。可以模拟相间传热和相间传质的流动，使得对均相及非均相的模拟成为可能。

Fluent 标准模块中还包括许多其他的多相流模型，对于其他的一些多相流流动，如喷雾干燥器、煤粉高炉、液体燃料喷雾，可以使用离散相模型。射入的粒子、泡沫及液滴与背景流之间进行发生热、质量及动量的交换。

VOF 模型（Volume of Fluid）可以用于对界面的预测比较感兴趣的自由表面流动，如海浪。汽蚀模型已被证实可以很好地应用到水翼艇、泵及燃料喷雾器的模拟。沸腾现象可以很容易地通过用户自定义函数实现。

6. 前处理和后处理

Fluent 提供了专门的工具来生成几何模型及网格创建。GAMBIT 允许用户使用基本的几何构建工具创建几何，它也可用来导入 CAD 文件，然后修正几何以便于 CFD 分析，为了方便灵活地生成网格，Fluent 还提供了 TGrid，这是一种采用最新技术的体网格生成工具。这两款软件都具有自动划分网格及通过边界层技术、非均匀网格尺寸函数，以及以六面体为核心的网格技术快速生成混合网格的功能。对于涡轮机械，可以使用 G/Turbo，熟悉的术语及参数化的模板可以帮助用户快速地完成几何的创建和网格的划分。

Fluent 的后处理可以生成有实际意义的图片、动画、报告，这使得 CFD 的结果可以非常容易地被转换成工程师和其他人员可以理解的图形，表面渲染、迹线追踪仅是该工具的几个特征，却使 Fluent 的后处理功能独树一帜。Fluent 的数据结果还可以导入到第三方的图形处理软件或者 CAE 软件进行进一步的分析。

7. 定制工具

用户自定义函数在用户定制 Fluent 时很受欢迎。功能强大的资料库和大量的指南提供了全方位的技术支持。Fluent 的全球咨询网络可以提供或帮助创建任何类型装备设施的平台，如旋风分离器、汽车 HVAC 系统和锅炉等。另外，一些附加应用模块，如质子交换膜（PEM）、固体氧化物燃料电池、磁流体、连续光纤拉制等模块也已经投入使用。

8. 子模块

（1）FloWizard 为产品设计提供快速流动模拟。FloWizard 软件是以设计产品或工艺为目的的快速流体建模软件。该计算流体动力学软件是专门为那些需要了解所设计产品流体动力学特性的设计工程师和工艺工程师研制的。设计者不再需要是流体模拟方面的专家就可以非常成功地使用 FloWizard。因为它易学易用。在产品设计周期的初期，工程师就可以用快速流动模拟对产品方案进行流动分析，这就提高了设计的性能，缩短了产品到达市场的时间。另外，FloWizard 能够执行多个流体动力学设计任务。

（2）Fluent for CATIA V5 PLM 的快速流动模型应用。Fluent for CATIA V5 将流体流动和换热分析带入 CATIA V5 的产品生命周期管理（PLM）环境。它将 Fluent 的快速流动模拟技术完全集成到 V5 的 PLM 过程，所有的操作完全基于 CATIA V5 的数据结构。Fluent for CATIA V5 在用于制造的几何模型和流动分析模型之间提供了完全的创建关系。它减少了 CFD 分析周期的 60% 的时间甚至更多，它提供了基于模拟的设计方法。设计、分析和优化完全在 CATIA V5 PLM 的单一工作流之内完成。

（3）Icepak 电子产品散热分析软件。Icepak 能够对电子产品的传热、流动进行模拟。Icepak 采用的是 Fluent 求解器，该软件基于 Fluent 的行业定制软件，嵌入的各类电子器件子模型能大大加快仿真人员的建模过程，自动化的网格划分以及高效的求解器能够满足电子散热仿真的需求。

（4）Airpak HVAC 领域工程师的专业人工环境系统分析软件。Airpak 可以精确地模拟所研究对象内的空气流动、传热和污染等物理现象，并依照 ISO 7730 标准提供舒适度、PMV、PPD 等衡量室内空气质量（IAQ）的技术指标。从而减少设计成本，降低设计风险，缩短设计周期。Airpak 软件的应用包括建筑、汽车、楼宇、化学、环境、加工、采矿、造纸、石油、制药、电站、办公场所、半导体、通信、运输等领域。

1.2 Fluent 基本使用流程

利用 Fluent 进行工程问题求解，一般采用以下工作流程。

1. 物理问题抽象

这一步主要解决的问题是决定计算的目的。在对物理现象进行充分认识后，确定要计算的物理量，同时决定计算过程中需要关注的细节问题。对于初学者来讲，这一步常常被忽略，其实这一步工作是至关重要的。

2. 计算域确定

在决定了计算内容之后，紧接着要做的工作是确定计算空间。这部分工作主要体现在几何建模上。在几何建模的过程中，若模型中存在一些细小特征，则需要评估这些细小特征在计算时是否需要考虑，是否需要移除这些特征。

3. 划分计算网格

当确定计算域之后，则需要对计算域几何模型进行网格划分。当前有很多的网格生成程序均支持输出为 Fluent 网格类型，如 ICEM CFD、TGrid、Pointwise、ANSA、Hypermesh 等。Fluent 对网格生成器并不感兴趣，其感兴趣的是网格质量，因此在生成网格之后，需要检查网格的质量。

另一个与网格相关的问题是边界层网格划分。在划分边界层网格时，需要根据外部流动条件估算第一层网格与壁面间距，同时需要确定边界厚度或边界层层数。

4．选择物理模型

对于不同的物理现象，Fluent 提供了非常多的物理模型进行模拟。在第一步工作中确定了需要模拟的物理现象，在此需要选择相对应的物理模型。例如，若考虑传热，则需要选择能量模型；若考虑湍流，则需要选择湍流模型；若考虑多相流，则需要选择多相流模型等。

5．确定边界条件

确定计算域实际上是确定了边界位置。在这一步工作中，需要确定边界位置上物理量的分布，通常需要考虑边界类型、物理量的指定。Fluent 中存在多种边界类型，不同的边界类型组合对于收敛性有着重要影响。无论采用何种边界组合，都要求边界信息是物理真实的，一般要求试验获取。

6．设置求解参数

在上面的工作均进行完之后，则需要设定求解参数，包括一些监控物理量设定、收敛标准设定、求解精度控制等。若为瞬态计算，则可能还涉及自动保存、动画设定等。不同的物理问题，需要设定的求解参数也存在差异。

7．初始化并迭代计算

在进行迭代计算之前，往往需要进行初始化。Fluent 提供了两种初始化方式：常规的全域初始化及 hybrid 初始化。对于稳态计算，选择合适的初始值有助于加快收敛，初始值的设定不会影响到最终的计算结果。而对于瞬态计算，则需要根据实际情况设定初始值，因为初始值会影响到后续时间点上的计算结果。

8．计算后处理

计算完毕后，通常需要进行数据后处理，将计算结果以图形图表的方式展现出来，从而方便进行问题分析。Fluent 本身包含后处理功能，但也可以将 Fluent 结果导入到更专业的后处理软件中，从而获取更加美观的图形。后处理一般包括：表面或截面上物理量云图显示、线上曲线图显示、计算结果输出、动画生成等。

9．模型的校核与修正

在后处理过程中，往往需要对计算结果进行评估，一般情况下是与试验值进行比较。评估的内容包括：网格独立性、收敛性、计算模型、计算结果有效性与误差等。在评估的过程中通常需要不断地调整模型，最终使模型计算结果贴近于实验值，以方便后续的研究工作。

1.3 Fluent 操作流程示例

以一个简单的实例来描述 Fluent 的工作流程。

1.3.1 实例描述

本实例来自于丹麦海事研究所。流动计算域模型如图 1-1 所示，包含入口、出口及壁面。实例采用 2D 模型计算。计算域流体介质为空气（标准大气压，温度 293K），来流速度 1.17m/s。雷诺数基于障碍物高度（实例为 40mm），本实例雷诺数为 3115，入口位置湍动能及湍流耗散率分别为 $0.024\text{m}^2/\text{s}^2$ 及 $0.07\text{m}^2/\text{s}^3$。流动过程为等温、湍流及不可压缩流动。

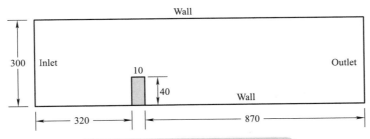

图 1-1 几何模型（长度单位为 mm）

1.3.2 Fluent 前处理

Step 1：启动 Fluent

从开始菜单中选择 Fluent，启动界面参数设置。

❖ 设置 Dimension 为 2D。

❖ 设置 Working Directory 为当前工作路径，如图 1-2 所示。

> 提示：根据所要计算的模型维度选择 2D 或 3D。若维度选择错误，在后续导入网格过程中软件会报错。

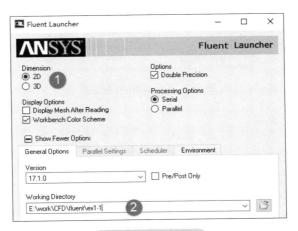

图 1-2 启动面板

Step 2：读取网格

读取计算网格文件。

❖ 利用菜单【File】>【Read】>【Mesh】读取网格文件 ex1-1\EX1-1.msh。

❖ 利用 Setting Up Domain 标签页下工具栏按钮 Display 显示网格。

> 提示：本书中涉及的实例文件均保存在网盘中，读者可以按照前言中提供的下载方式自行下载使用。

生成的计算网格如图 1-3 所示。

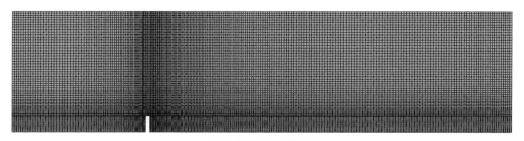

图 1-3　计算网格

General 设置

双击模型树节点 General，弹出 General 参数面板，如图 1-4 所示。

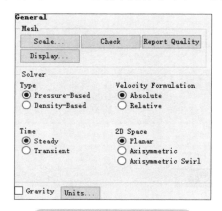

图 1-4　General 参数面板

对参数面板进行如下设置。

1.Scale…

单击参数面板中的 Scale… 按钮。弹出的 Scale Mesh 对话框如图 1-5 所示。

❖ 设置 Mesh Was Created In 项为 mm。

❖ 单击 Scale 按钮缩放计算域网格尺寸。

❖ 单击 Close 按钮关闭对话框。

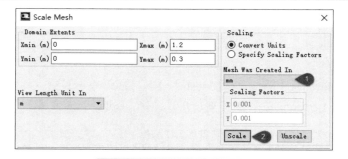

图 1-5　Scale Mesh 对话框

确保计算域尺寸与实际要计算的尺寸一致。

2.Check

单击 Check 按钮，输出网格信息如图 1-6 所示。确保网格最小体积（minimum volume）为正值。

```
Domain Extents:
   x-coordinate: min (m) = 0.000000e+00, max (m) = 1.200000e+00
   y-coordinate: min (m) = 0.000000e+00, max (m) = 3.000000e-01
Volume statistics:
   minimum volume (m3): 3.999999e-06
   maximum volume (m3): 4.486165e-05
     total volume (m3): 3.596000e-01
Face area statistics:
   minimum face area (m2): 2.000000e-03
   maximum face area (m2): 6.775917e-03
Checking mesh.......................
Done.
```

图 1-6 网格检查信息

 说明：若计算域中存在负体积网格单元，软件会给出错误提示。

3.Gravity

激活选项 Gravity，设置重力加速度为 Y 方向 -9.81m/s^2，如图 1-7 所示。

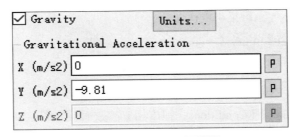

图 1-7 设置重力加速度

其他参数保持默认。

Step 4： Models

双击模型树节点 Models，在右侧 Models 列表项中双击 Viscous-Laminar，弹出湍流模型设置对话框，如图 1-8 所示。

❖ 选择 Model 为 k-epsilon（2 eqn）。

❖ 选择 k-epsilon Model 为 Realizable。

❖ 选择 Near-Wall Treatment 为 Scalable Wall Functions。

❖ 单击 OK 按钮关闭对话框。

 提示：大多数流动问题都可以采用 Realizable k-epsilon 湍流模型。

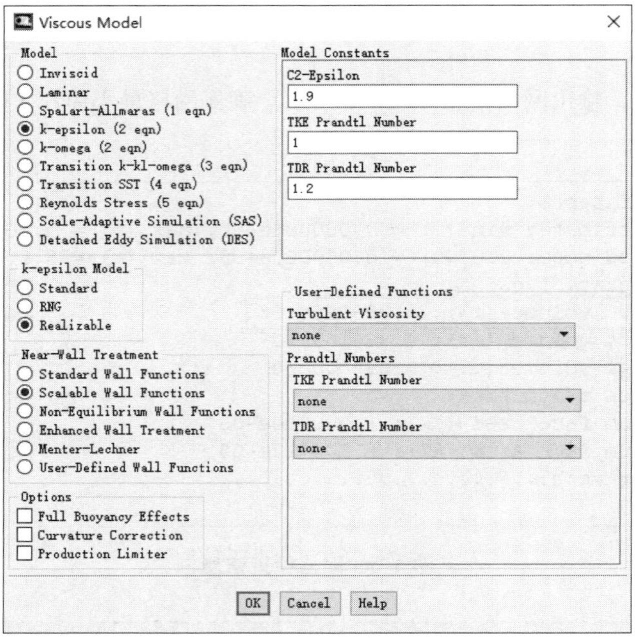

图 1-8 湍流模型设置

其他模型保持默认。

Step 5：Materials

本实例材料介质为空气，可采用默认参数。

Step 6：Cell Zone Conditions

保持默认即可。

Step 7：Boundary Conditions

双击模型树节点 Boundary Conditions，弹出相应参数面板如图 1-9 所示。

图 1-9 边界条件设置

1.Inlet 边界设置

双击 inlet 列表项，弹出边界条件设置对话框，如图 1-10 所示。

❖ 设置 Velocity Magnitude 为 1.17m/s。
❖ 设置 Specification Method 为 K and Epsilon。
❖ 设置 Turbulent Kinetic Energy 为 0.024。
❖ 设置 Turbulent Dissipation Rate 为 0.07。
❖ 单击 OK 按钮关闭对话框。

2.Outlet 设置

❖ 选中 outlet 项，设置 Type 为 Outflow，其他参数保持默认。

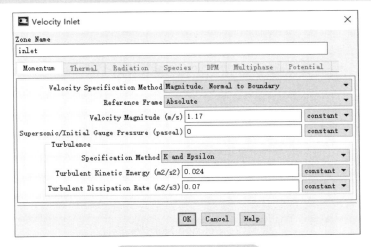

图 1-10　inlet 边界设置

Step 8： Dynamic Mesh

本实例不涉及动网格，因此无须设置。

Step 9： Reference Values

本实例不涉及系数计算，可不用设置参考值。若要设置的话，可按图 1-11 所示进行设置。

Compute from	
inlet	
Reference Values	
Area (m2)	1
Density (kg/m3)	1.225
Depth (m)	0.3
Enthalpy (j/kg)	0
Length (m)	1
Pressure (pascal)	0
Temperature (k)	288.16
Velocity (m/s)	1.17
Viscosity (kg/m-s)	1.7894e-05
Ratio of Specific Heats	1.4

图 1-11　参考值设置

Step 10： Solution Methods

双击模型树节点 Solution → Methods，如图 1-12 所示，在右侧面板中设置参数。

❖ 设置 Pressure-Velocity Coupling Scheme 为 Coupled。

❖ 设置 Turbulent Kinetic Energy 为 Second Order Upwind。

❖ 设置 Turbulent Dissipation Rate 为 Second Order Upwind。

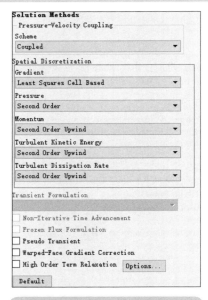

图 1-12　Solution Methods 设置

其他参数保持默认。

Step 11： Solution Controls

保持默认参数。

Step 12： Monitors

保持默认参数。

Step 13： Solution Initialization

如图 1-13 所示，采用 Hybrid Initialization 方法进行初始化，单击 Initialize 按钮进行初始化。

图 1-13　初始化

Step 14： Calculation Activities

采用默认设置。

Step 15: Run Calculation

如图 1-14 所示，设置 Number of Iterations 为 500，单击 Calculate 按钮进行计算。

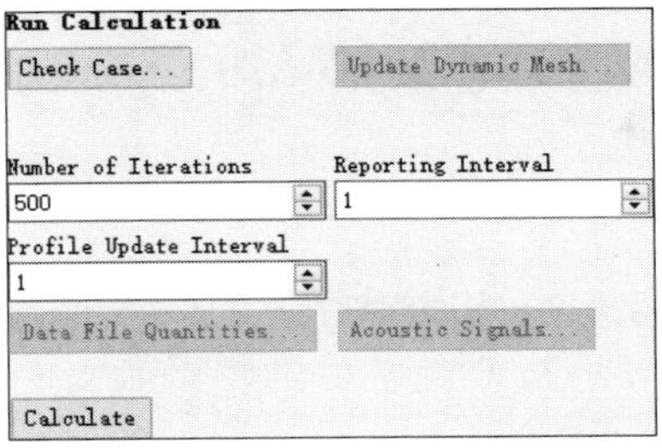

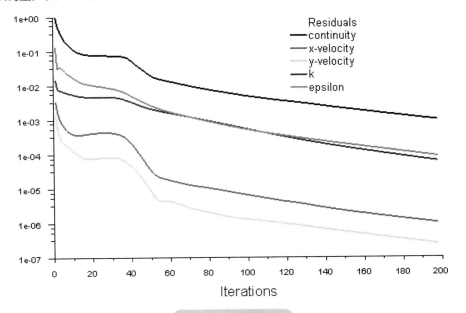

Run Calculation

Check Case...　　　　　Update Dynamic Mesh...

Number of Iterations　　Reporting Interval
500　　　　　　　　　　1

Profile Update Interval
1

Data File Quantities...　Acoustic Signals...

Calculate

图 1-14　计算设置

计算在 198 步时收敛，软件给出收敛提示并自动停止计算，如图 1-15 所示。

```
  191   1.1007e-03   1.1369e-06   2.8401e-07   7.1583e-05   9.8128e-05   0:00:38   309
  192   1.0840e-03   1.1190e-06   2.7926e-07   7.0262e-05   9.6447e-05   0:00:30   308
  193   1.0676e-03   1.1013e-06   2.7461e-07   6.8966e-05   9.4797e-05   0:00:24   307
  194   1.0514e-03   1.0840e-06   2.6997e-07   6.7696e-05   9.3174e-05   0:00:19   306
  195   1.0355e-03   1.0669e-06   2.6539e-07   6.6450e-05   9.1578e-05   0:00:15   305
  196   1.0197e-03   1.0501e-06   2.6083e-07   6.5229e-05   9.0008e-05   0:00:12   304
  197   1.0043e-03   1.0336e-06   2.5633e-07   6.4031e-05   8.8465e-05   0:01:10   303
! 198 solution is converged
  198   9.8899e-04   1.0174e-06   2.5197e-07   6.2856e-05   8.6947e-05   0:00:56   302
```

图 1-15　计算信息

计算残差如图 1-16 所示。

图 1-16　计算残差

Step 16：修改残差标准继续计算

设置残差为 1e-6 继续计算。

❖ 双击模型树节点 Monitors，之后双击右侧面板中 Residuals 列表项。

❖ 在 Residual Monitors 对话框中设置 Continuity 的 Absolute Criteria 为 1e-6。

❖ 单击 OK 按钮关闭对话框。

Step 17：继续计算

❖ 切换到 Run Calculation 节点下，设置 Number of Iterations 为 500，单击 Calculate 按钮进行计算。

计算完毕后可进行后处理查看计算结果。

1.3.3 计算后处理

Step 1：设置图形窗口背景颜色

通常将图形背景设置为白色，方便放入文档中。Fluent 默认背景颜色为蓝白梯度色，要将其改变为纯白色，需要利用 TUI 命令。具体步骤如下。

❖ 双击模型树节点 Graphics，单击右侧面板中按钮 Options...，弹出图形选项设置对话框，如图 1-17 所示。

❖ 设置 Color Scheme 为 Classic。

❖ 单击 Apply 按钮，此时图形背景变为黑色。

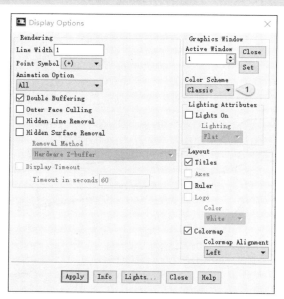

图 1-17　图形选项

❖ 在 TUI 窗口中输入命令 display/set/colors/background，在颜色输入提示后输入"white"。

❖ 继续输入命令 display/set/colors/foreground，在颜色输入提示后输入"black"。

❖ 回到图 1-17 的图形选项对话框中，单击 Apply 按钮。

此时图形背景变为白色。

Step 2：查看速度分布

查看计算域内速度分布。

❖ 双击模型树节点 Graphics，之后双击右侧面板中列表项 Contours，弹出图 1-18 所示云图设置对话框。

❖ 激活选项 Filled。

❖ 选择 Contours of 下为 Velocity… 及 Velocity Magnitude。

❖ 单击 Display 按钮。

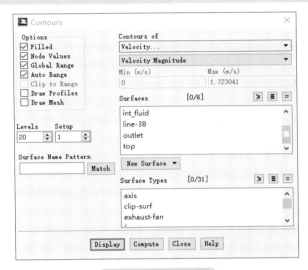

图 1-18　云图设置

速度分布如图 1-19 所示。

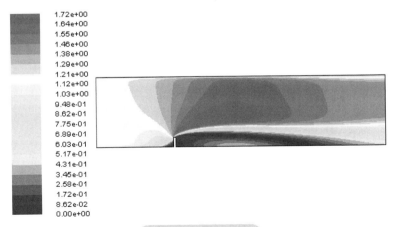

图 1-19　速度分布

Step 3：查看压力分布

查看计算域内压力分布。在图 1-18 所示对话框中选择 Contours of 下为 Pressure… 及 Static

Pressure，单击 Display 按钮显示压力分布云图，如图 1-20 所示。

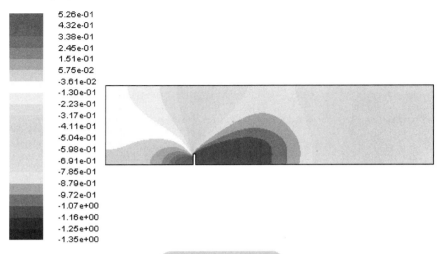

图 1-20　压力分布

Step 4： 查看底部面上压力分布

利用 XY Plot 输出底部边界上的压力分布。

❖ 双击模型树节点 Result | Plots | XY Plot，弹出相应参数设置对话框，如图 1-21 所示。

❖ 设置 Plot Direction 为 X 方向。

❖ 设置 Y Axis Functions 为 Pressure 及 Static Pressure。

❖ 选择 Surface 列表框中列表项 bottom。

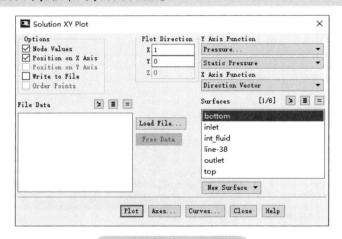

图 1-21　XY 曲线图设置

❖ 单击 Curves... 按钮，弹出如图 1-22 所示对话框，设置 Line Style 中的 Pattern 为实线，设置 Weight 为 2。

❖ 设置 Marker Style Symbol 为空。

❖ 单击 Apply 及 Close 按钮关闭对话框。

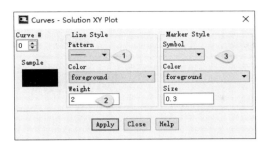

图 1-22　设置线型

单击图 1-21 中的 Plot 按钮显示图形，结果如图 1-23 所示。

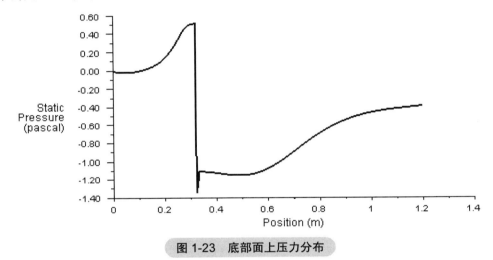

图 1-23　底部面上压力分布

本实例完毕。

第2章

流动问题计算

2

2.1 【实例1】层流圆管流动

2.1.1 实例描述

本实例计算流经管道的压力降。如图 2-1 所示，管道直径 $D=0.2$m，管道长度 $L=8$m，假设流经管道截面的速度为恒定值 $v=1$m/s，管道出口压力为 1atm。介质密度 $\rho=1$kg/m³，动力黏度 $\mu=2 \times 10^{-3}$kg/(m·s)。

可计算流经管道的雷诺数为：

$$Re = \frac{\rho v D}{\mu} = \frac{1 \times 1 \times 0.2}{2 \times 10^{-3}} = 100$$

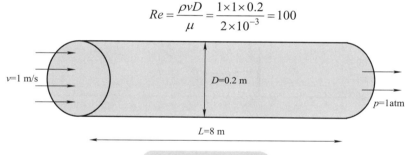

图 2-1　模型示意图

本实例查看的计算结果包括如下几个方面。

1) 速度矢量分布。

2) 速度云图。

3) 压力云图。

4) 出口位置速度分布。

5) 沿壁面的摩擦系数分布。

2.1.2 几何创建

本实例采用 2D 模型进行计算，采用 ANSYS DesignModeler 进行几何模型的创建，读者还可以利用 SCDM 模块进行几何的创建。

Step 1：*启动 ANSYS Workbench*

❖ 启动 ANSYS Workbench，拖拽模块 Fluid Flow(Fluent) 至工程窗口中，如图 2-2 所示。

❖ 右键单击 A2 单元格，如图 2-3 所示，选择 New DesignModeler Geometry...，进入 DM 模块。

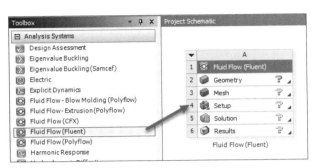

图2-2 启动 Fluid Flow(Fluent)

图2-3 启动 DesignModeler

 Step 2：绘制几何模型

❖ 在模型树菜单中选择XYPlane节点，如图2-4所示，单击工具栏按钮Look At Face，如图2-5所示，使XY平面正对着屏幕。

注意：2D模型必须绘制在XY平面上。

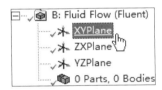

图2-4 选择 XY 平面

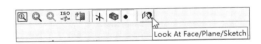

图2-5 工具栏按钮 Look At Face

❖ 如图2-6所示，单击Sketching Toolboxes中的Sketching标签页切换到Sketching模式。

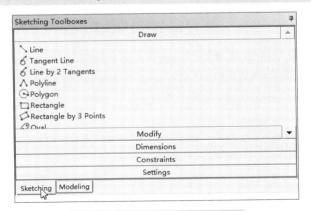

图2-6 切换至 Sketching 模式

❖ 如图2-7所示，在草图工具中选择Rectangle矩形工具，在草图窗口绘制草图。

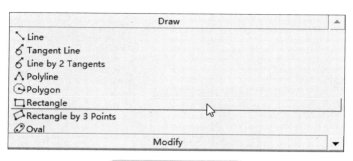

图 2-7   选择矩形工具

绘制如图 2-8 所示的草图。

❖ 选择草图工具栏 Dimension 下的 General 按钮, 为草图指定尺寸, 如图 2-9 所示。

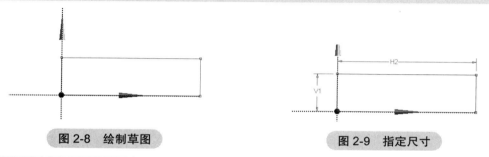

图 2-8   绘制草图   图 2-9   指定尺寸

❖ 设置属性窗口中 H2 为 8m, V1 为 0.1m, 如图 2-10 所示。

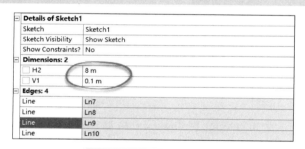

图 2-10   属性窗口设置

❖ 如图 2-11 所示, 选择菜单 Concept → Surfaces From Sketches, 在属性窗口中的 BaseObjects 选项中选择上一步创建的草图并单击 Apply 按钮, 如图 2-12 所示。

❖ 单击工具栏中的 Generate 按钮生成几何。

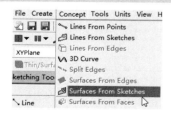

图 2-11   创建平面模型

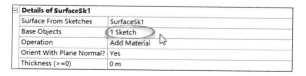

图 2-12   选择草图

❖ 关闭 DesignModeler 返回至 Workbench 中。

2.1.3 网格划分

Step 1：进入 Mesh 模块

❖ 双击 A2 单元格（Mesh）进入 Mesh 模块。

Step 2：指定网格类型为 Map

采用 Map 方式生成网格。

❖ 右键单击模型树节点 Mesh，选择菜单 Insert → Face Meshing，如图 2-13 所示。

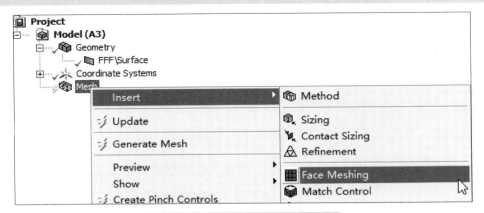

图 2-13　选择 Face Meshing 菜单

❖ 在图形窗口中选择几何面，在属性窗口中单击 Apply 按钮，如图 2-14 所示。

Scope		
Scoping Method	Geometry Selection	
Geometry	Apply	Cancel
Definition		
Suppressed	No	
Mapped Mesh	Yes	
Method	Quadrilaterals	
Constrain Boundary	No	
Advanced		
Specified Sides	No Selection	
Specified Corners	No Selection	
Specified Ends	No Selection	

图 2-14　选择几何

Step 3：指定网格尺寸

❖ 如图 2-15 所示，右键单击模型树节点 Mesh，之后选择菜单 Insert → Sizing，插入网格尺寸。

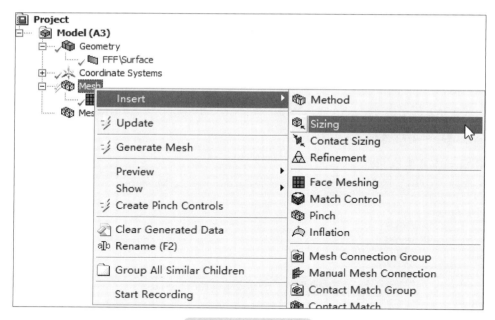

图 2-15　选择 Sizing

❖ 如图 2-16 所示，单击工具栏按钮切换选择模式为 Edge。

图 2-16　切换选择模式

❖ 图形窗口中选择两条短边，单击图 2-17 所示属性栏中 Geometry 的 Apply 按钮。
❖ 设置 Type 为 Number of Divisions，设置 Number of Divisions 为 100。
❖ 设置 Behavior 为 Hard。

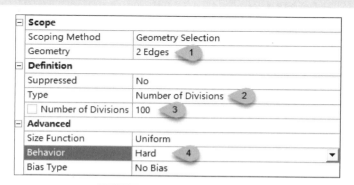

图 2-17　设置边的网格尺寸

❖ 采用同样的方法新建另一个网格尺寸，设置两条长边的 Number of Divisions 为 500。
❖ 如图 2-18 所示，右键单击模型树节点 Mesh → Generate Mesh 生成网格。

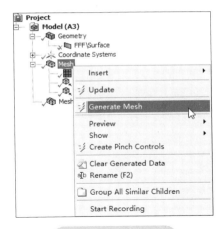

图 2-18　生成网格

Step 4：创建边界命名

为进出口及壁面边界按如图 2-19 所示名称进行命名。

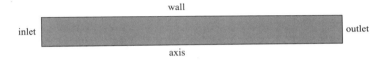

图 2-19　边界名称

❖ 选择矩形面的左侧边，单击鼠标右键，如图 2-20 所示，选择菜单 Create Named Selection。

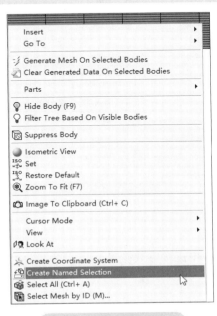

图 2-20　创建边界命名

❖ 在弹出的如图 2-21 所示对话框中输入边界名称 inlet，单击 OK 按钮关闭对话框。

❖ 采用同样的步骤创建其他三个边界：wall、axis 以及 outlet。

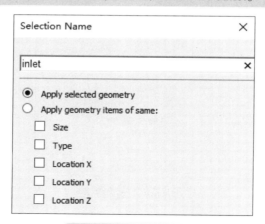

图 2-21　输入边界名称

Step 5：更新网格

❖ 关闭 mesh 模块返回至 workbench 操作界面。

❖ 右键单击 A2 单元格（Mesh），如图 2-22 所示，选择 Update 更新网格。

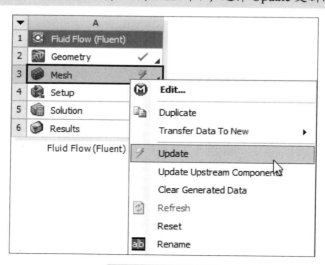

图 2-22　更新网格

2.1.4　Fluent 设置

网格划分完毕后进入 Fluent 中进行参数设置。

Step 1：开启 Fluent

❖ 双击 A3 单元格启动 Fluent，选择 Double Precision，单击 OK 按钮启动 Fluent，如图 2-23 所示。

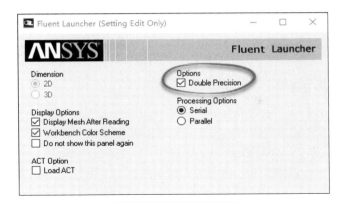

图 2-23 启动 Fluent

Step 2：General 设置

❖ 单击模型树节点 General。

❖ 右侧面板中选择 2D Space 下的选项 Axisymmetric，如图 2-24 所示。

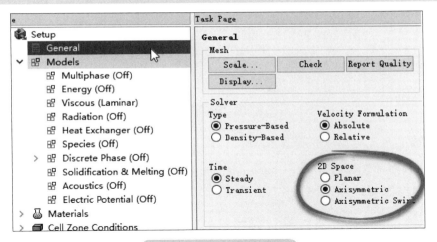

图 2-24 使用轴对称模型

提示：本实例采用的是轴对称模型，计算边界中包含有 Axis 边界类型，必须使用轴对称或轴对称旋转类型，否则 TUI 窗口会出现如图 2-25 所示警告信息。

```
Warning: The use of axis boundary conditions is not appropriate for
         a 2D/3D flow problem. Please consider changing the zone
         type to symmetry or wall, or the problem to axisymmetric.

Warning: The use of axis boundary conditions is not appropriate for
         a 2D/3D flow problem. Please consider changing the zone
         type to symmetry or wall, or the problem to axisymmetric.
```

图 2-25 警告信息

Step 3：Models 设置

本实例雷诺数为 100，管道内部为层流流动，采用默认的层流模型。Models 设置可全部采用默认参数。

Step 4：Materials 设置

修改介质密度 ρ=1kg/m³，动力黏度 μ=2×10⁻³kg/(m·s)。

❖ 选择模型树节点 Materials，双击右侧面板材料列表框中的 Air。

❖ 修改 Density 为 1，修改 Viscosity 为 2e-3，如图 2-26 所示。

❖ 单击 Change/Create 及 Close 按钮关闭对话框。

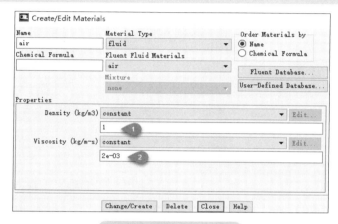

图 2-26　修改材料属性

Step 5：Cell Zone Conditions 设置

❖ 双击模型树节点 Cell Zone Conditions，之后双击右侧列表框中 fff_surface，弹出如图 2-27 所示对话框。

❖ 确保 Material Name 为 air。

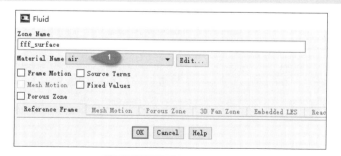

图 2-27　设置区域材料

Step 6：Boundary Conditions 设置

❖ 双击模型树节点 Boundary Conditions，之后双击右侧面板中列表项 inlet，在弹出的如图 2-28 所示对话框中设置 Velocity Magnitude 为 1m/s。

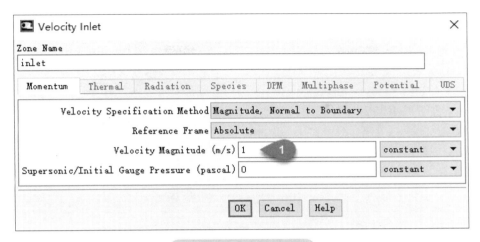

图 2-28　设置入口边界

❖ 双击面板中列表项 outlet，确保边界类型 Type 为 pressure-outlet，采用默认参数。
❖ 其他边界采用默认设置。

Step 7：Solution Methods 设置

在 Solution Methods 节点中设置离散方法。

❖ 双击模型树节点 Solution Methods。
❖ 设置 Pressure-Velocity Coupling Scheme 为 Coupled，如图 2-29 所示。
❖ 其他选项采用默认设置。

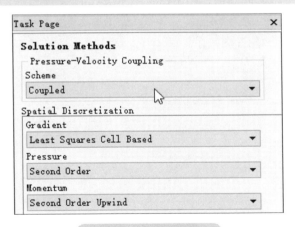

图 2-29　选择离散算法

Step 8：Monitors 设置

在 Monitors 中设置残差。

❖ 双击模型树节点 Monitors，之后双击右侧面板中列表项 Residual-Print,Plot。
❖ 设置 Continuity、x-velocity 及 y-velocity 的残差标准为 1e-6，其他参数保持默认，如图 2-30 所示，单击 OK 按钮关闭对话框。

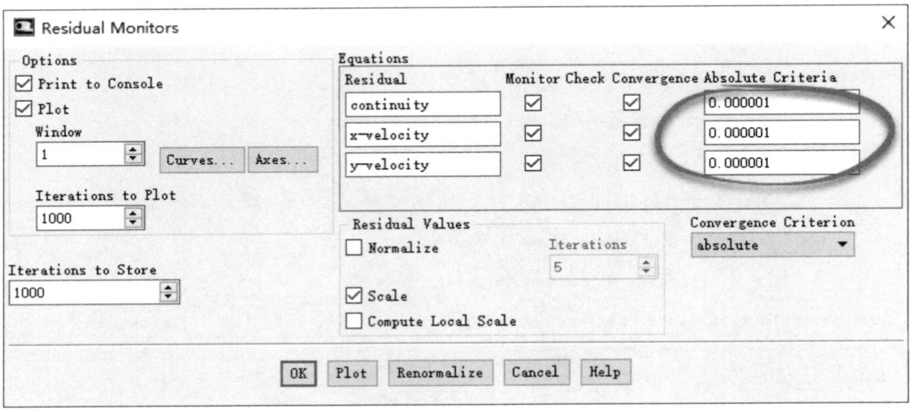

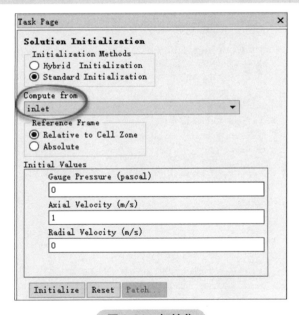

图 2-30 设置残差标准

：初始化

❖ 双击模型树节点 Solution Initialization。

❖ 选择 Standard Initialization，选择 Compute from 下拉框为 inlet，如图 2-31 所示。

❖ 单击按钮 Initialize 按钮进行初始化。

图 2-31 初始化

Step 10：Run Calculation 设置

设置迭代参数进行计算。

❖ 双击模型树节点 Run Calculation。

❖ 右侧面板中设置 Number of Iterations 为 200，如图 2-32 所示。

❖ 单击 Calculate 按钮进行迭代计算。

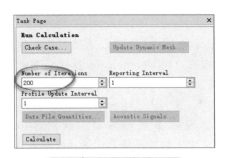

图 2-32 设置迭代次数

计算残差曲线如图 2-33 所示。

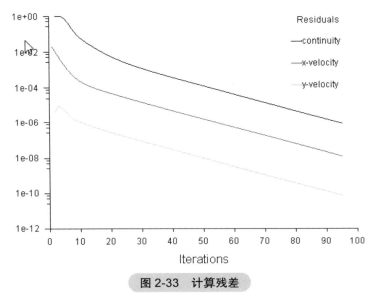

图 2-33 计算残差

大约计算 95 步后收敛到所设置的残差标准（1e-6）。

2.1.5 计算后处理

在 CFD-Post 中进行后处理。

Step 1: 进入 CFD-Post 模块

❖ 关闭 Fluent，返回至 Workbench 操作界面。

❖ 如图 2-34 所示，双击 A6 单元格 (Results) 进入 CFD-Post 模块。

图 2-34 进入 CFD-Post 模块

Step 2: 查看速度矢量分布

❖ 选择菜单 Insert → Vector 插入一个矢量，采用默认名称 Vector 1。

❖ 如图 2-35 所示，在属性窗口中 Geometry 标签页下设置 Locations 为 periodic 1。

❖ 切换至 Symbol 标签页，设置 Symbol 为 Arrow2D，设置 Symbol Size 为 0.03，单击 Apply 按钮。

❖ 在图形窗口中空白位置单击鼠标右键，如图 2-36 所示，选择菜单 Predefined Camera → View From +Z，可使 XY 面正对屏幕，滚动鼠标放大图形。

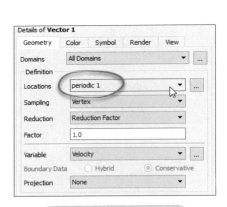

图 2-35　设置矢量属性

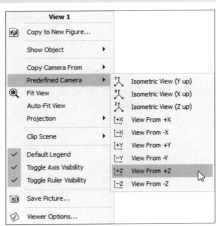

图 2-36　调整视图

矢量分布如图 2-37 所示。

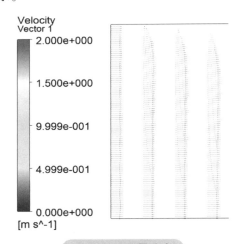

图 2-37　矢量分布

Step 3: 查看速度云图

❖ 选择菜单 Insert → Contour，采用默认名称。

❖ 在属性窗口中 Geometry 标签页中，设置 Location 为 periodic_1，设置 Variable 为 Velocity，设置 Range 为 Local，设置 of Contours 为 32，如图 2-38 所示。

❖ 切换至View标签页，激活选项Apply Scale，设置Scale为（1,10,1），如图2-39所示。

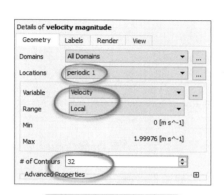

图 2-38　显示速度云图

图 2-39　设置缩放

💡 **提示**：设置缩放因子只是便于观察，并不会对真实几何进行缩放。

❖ 单击 Apply 按钮显示速度云图（见图2-40）。

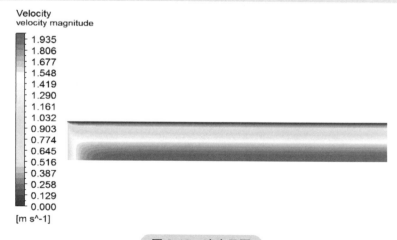

图 2-40　速度云图

Step 4：查看出口位置速度分布

❖ 利用菜单 Insert → Location → Line 创建线，采用默认名称 Line 1。

❖ 如图 2-41 所示，在属性窗口中设置 Point1 为（8,0,0），Point2 为（8,0.1,0），设置 Samples 为 50，单击 Apply 按钮创建线。

❖ 选择菜单 Insert → Chart 插入曲线图，接受默认名称 Chart 1。

❖ 如图 2-42 所示，在属性窗口 Data Series 标签页中设置 Location 为 Line 1。

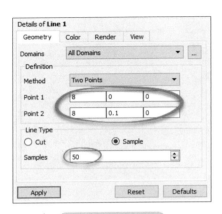

图 2-41　创建线

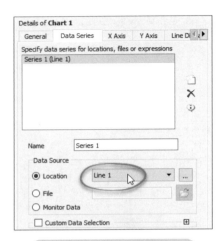

图 2-42　设置 Data Series

❖ 如图 2-43 所示，切换到 X Axis 标签页，设置 Variable 为 Y。

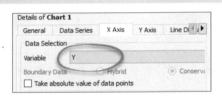

图 2-43　设置 X 变量

❖ 如图 2-44 所示，切换到 Y Axis 标签页，设置 Variable 为 Velocity。

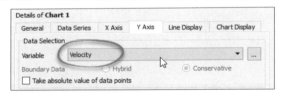

图 2-44　设置 Y 变量

❖ 单击属性窗口中的 Apply 按钮显示速度分布曲线（见图 2-45）。

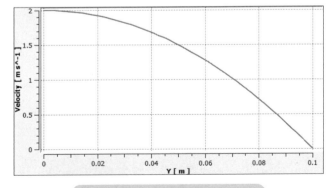

图 2-45　出口位置速度分布曲线

Step 5：查看表面摩擦系数

要查看表面摩擦系数，需要先在 Fluent 中导出数据，否则 CFD-Post 中找不到此变量。

❖ 关闭 CFD-Post，返回 Workbench 主界面，双击 A5 单元格（Solution）进入 Fluent。

❖ 双击模型树节点 Reference Values，在右侧面板 Compute from 下拉框中选择 inlet，确保 Density 及 Velocity 的值均为 1，如图 2-46 所示。

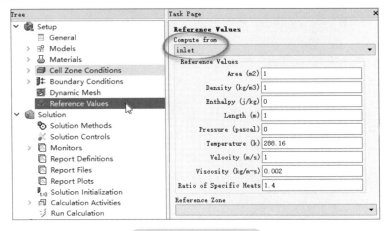

图 2-46　设置参考值

❖ 选择菜单 File → Data File Quantities，选择变量 Skin Friction Coefficient 及 Total Pressure，如图 2-47 所示，单击 OK 按钮。

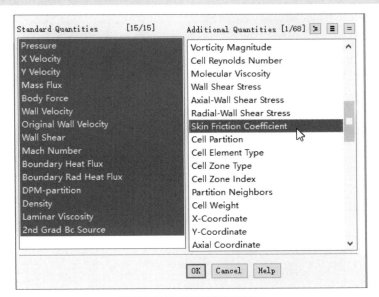

图 2-47　选择输出的数据

❖ 双击模型树节点 Run Calculation，单击右侧面板中的 Calculate 按钮。

❖ 关闭 Fluent 返回 Workbench 主窗口，重新进入 CFD-Post 模块。

❖ 利用菜单 Insert → Location → Line 创建线，采用名称 Pipewall。

❖ 如图 2-48 所示，在属性窗口中设置 Point1 为（0,0.1,0），Point2 为（8,0.1,0），设置 Samples 为 100，单击 Apply 按钮创建线。

❖ 选择菜单 Insert → Chart 插入曲线图，接受默认名称 Chart 2。

❖ 属性窗口 Data Series 标签页中，设置 Location 为 pipewall，如图 2-49 所示。

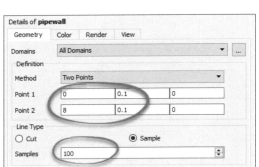

图 2-48　创建 Line

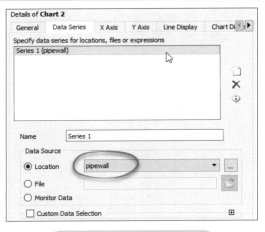

图 2-49　设置 Data Series

❖ 切换到 X Axis 标签页，设置 Variable 为 X，如图 2-50 所示。

❖ 切换到 Y Axis 标签页，设置 Variable 为 Skin Friction Coefficient，如图 2-51 所示。

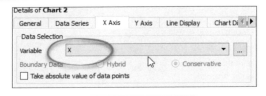

图 2-50　设置 X 变量

图 2-51　设置 Y 变量

❖ 单击属性窗口中的 Apply 按钮显示表面摩擦系数分布曲线（见图 2-52）。

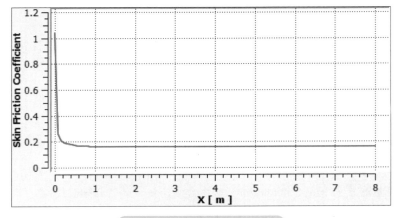

图 2-52　壁面摩擦系数分布

Step 6：查看压力降

创建表达式以查看系统压力降。

❖ 选择 Expressions 标签页，在空白位置单击鼠标右键，选择 New 菜单，命名为 PressureDrop，如图 2-53 所示。

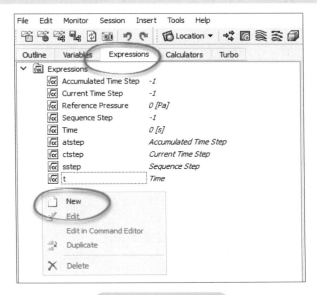

图 2-53　创建表达式

❖ 在定义窗口中编写压力降表达式（入口总压 - 出口总压）：areaAve(Total Pressure)@inlet-areaAve(Total Pressure)@outlet。

❖ 单击 Apply 按钮查看压力降为 13.3962 Pa，如图 2-54 所示。

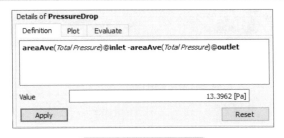

图 2-54　编写表达式

💡 **提示**：只有在 Fluent 计算前指定输出了 TotalPressure，才能在 CFD-Post 中显示。这与前面的表面摩擦系数的情况相同。

2.1.6　计算结果验证

计算圆管层流摩擦头损失可以采用哈根 - 泊肃叶定律来计算：

$$h_f = 32 \frac{\mu}{\rho g} \frac{L}{D^2} v$$

式中，μ 为流体的动力黏度（Pa·s）；ρ 为流体密度（kg/m³）；g 为重力加速度（m/s²）；L 为管道长度（m）；D 为管道的直径（m）；v 为管道内的平均流速（m/s）。

利用上式可计算得

$$h_f = 32 \times \frac{0.002}{1 \times 9.81} \times \frac{8}{0.2^2} \times 1 = 1.30479$$

则压降：

$$\Delta p = h_f \rho g = 1.30479 \times 1 \times 9.81 = 12.8 \text{Pa}$$

前面用 Fluent 计算得出的压力降为 13.3962 Pa，误差 4.7%。

2.1.7　湍流计算

保持其他所有计算条件不变，仅修改流体介质黏度为 2×10^{-5}kg/(m·s)，则此时雷诺数：

$$Re = \frac{\rho v D}{\mu} = \frac{1 \times 1 \times 0.2}{2 \times 10^{-5}} = 10000$$

此时流动为湍流，在计算过程中需要考虑湍流模型。

Step 1：复制工程文件

❖ 回到 Workbench 主界面，右键单击 Fluid Flow(Fluent)，选择菜单 Duplicate，如图 2-55 所示。

图 2-55　复制工程文件

Step 2：启动 Fluent

❖ 返回 Workbench 主界面，双击 B4 单元格进入 Fluent。

Step 3：Models 设置

❖ 双击模型树节点 Models，之后双击右侧面板列表项 Viscous-Laminar，如图 2-56 所示。

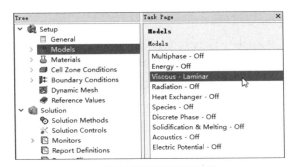

图 2-56　设置湍流模型

❖ 选择 k-epsilon（2 eqn）及 Realizable 选项，如图 2-57 所示。
❖ 其他参数保持默认，单击 OK 按钮。

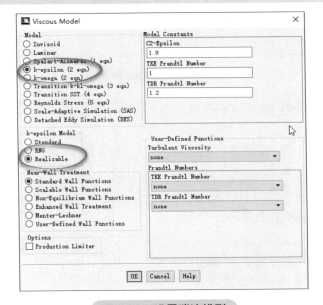

图 2-57　设置湍流模型

Step 4：Material 设置

❖ 双击模型树节点 Materials，之后双击右侧列表项 air，如图 2-58 所示。

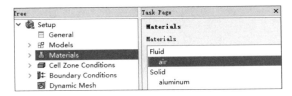

图 2-58　修改材料

❖ 在弹出的对话框中修改 Viscousity 参数值为 2e-5，之后选择 Change/Create 及 Close 按钮。

Step 5: 修改进出口湍流条件

❖ 双击模型树节点 Boundary Conditions，之后双击右侧列表项 inlet。

❖ 如图 2-59 所示，选择 Specification Method 为 Intensity and Hydraulic Diameter，设置 Turbulent Intensity 为 2%，设置 Hydraulic Diameter 为 0.2，单击 OK 关闭对话框。

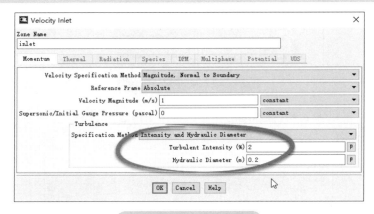

图 2-59　设置湍流条件

❖ 采用相同的方式设置出口 outlet 的湍流条件。

Step 6: 初始化

❖ 双击模型树节点 Solution Initialization。

❖ 在右侧面板中选择 Compute from 下拉框为 inlet。

❖ 单击 Initialize 按钮进行初始化。

Step 7: Run Calculation 计算

❖ 双击模型树节点 Run Calculation。

❖ 设置 Number of Iterations 为 2000。

❖ 单击 Calculate 按钮进行计算。

Step 8: 计算后处理

查看出口位置速度分布、壁面摩擦系数分布以及系统压力降，如图 2-60~ 图 2-62 所示。

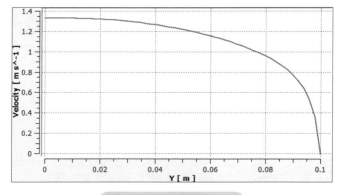

图 2-60　出口速度分布

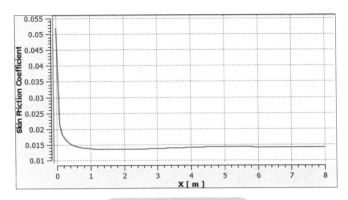

图 2-61 壁面摩擦系数

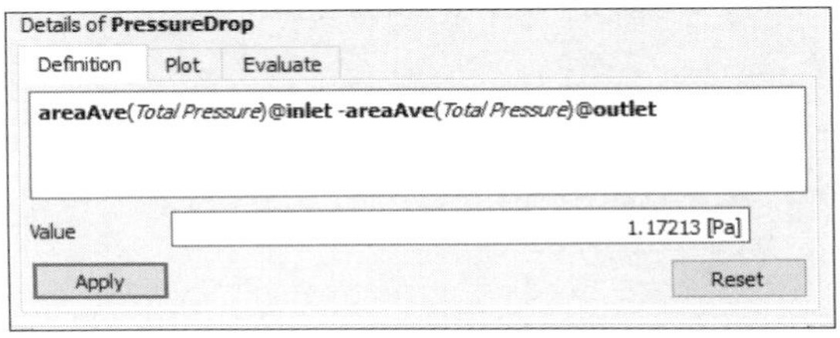

图 2-62 系统压力降

如图 2-62 所示，系统压力降为 1.17213 Pa。

2.1.8 实例小结

本实例利用 Fluent 计算层流圆管流动，计算分析了表面摩擦系数分布、出口位置速度分布以及系统压力降，并将计算结果与流体力学经验公式进行了比较。

本实例计算精度的提高主要有如下两种途径。

1）细化计算网格，壁面边界位置划分边界层网格。

2）采用高阶的离散格式。

2.2 【实例 2】NACA0012 翼型风洞模型计算

2.2.1 实例描述

在本实例中，将会演示如何利用 ANSYS CFD 模拟风洞中的 NACA 0012 翼型在来流攻角 6°，速度 1m/s 条件下的压力系数及升阻力系数，并将计算结果与实验数据进行对比，如图 2-63 所示为模型示意。

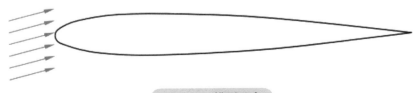

图 2-63 模型示意

2.2.2 几何创建

❖ 启动 Workbench，添加 Fluid Flow(Fluent) 模块到工程窗口中，如图 2-64 所示。

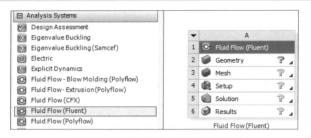

图 2-64 添加 Fluent 到工程中

❖ 右键单击 A2 单元格，选择菜单 New DesignModeler Geometry... 进入 DM 模块，如图 2-65 所示。

❖ 如图 2-66 所示，在 DM 中，选择菜单 Concept → 3D Curve，如图 2-67 所示，在属性窗口中单击 Coordinates Files 右侧的文件浏览按钮，选择坐标文件 naca0012coords.txt。

图 2-65 进入 DM 模块

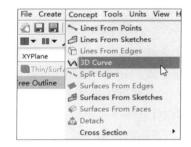

图 2-66 创建 3D 曲线

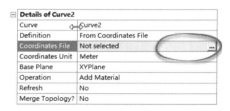

图 2-67 选择坐标文件

❖ 单击工具栏 Generate 按钮生成曲线。

❖ 选择菜单 Concept → Surface from Edge，在图形窗口中选择上一步创建的 edge，单击属性窗口中的 Apply 按钮，单击工具栏按钮 Generate 生成几何模型，如图 2-68 所示。

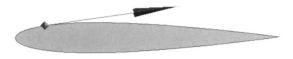

图 2-68 生成几何模型

❖ 如图 2-69 所示，选择工具栏按钮 New Plane 创建新的基准平面，如图 2-70 所示，在属性窗口中设置 Type 为 From Coordinates，设置 FD11 为 1m，单击 Generate 按钮生成基准平面。

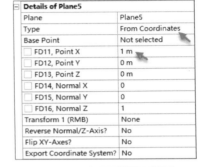

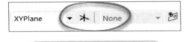

图 2-69 创建基准面

Details of Plane5	
Plane	Plane5
Type	From Coordinates
Base Point	Not selected
FD11, Point X	1 m
FD12, Point Y	0 m
FD13, Point Z	0 m
FD14, Normal X	0
FD15, Normal Y	0
FD16, Normal Z	1
Transform 1 (RMB)	None
Reverse Normal/Z-Axis?	No
Flip XY-Axes?	No
Export Coordinate System?	No

图 2-70 创建基准平面

❖ 在新建的基准面上创建如图 2-71 所示的草图，其中 R1=12.5m，H2=12.5m。

❖ 选择菜单 Concept→Surface from Sketch，如图 2-72 所示，在属性窗口中 Base Objects 项选择上一步创建的草图，设置 Operation 为 Add Frozen，单击工具栏按钮 Generate 创建平面。

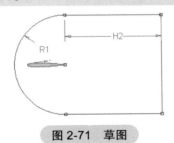

图 2-71 草图

Details of SurfaceSk1	
Surface From Sketches	SurfaceSk1
Base Objects	1 Sketch
Operation	Add Frozen
Orient With Plane Normal?	Yes
Thickness (>=0)	0 m

图 2-72 创建平面

❖ 选择菜单 Create→Boolean，如图 2-73 所示，在属性窗口中 Boolean 选择 Substract，设置 Target Bodies 为计算区域几何，选择 Tool Bodies 为翼型几何，单击工具栏按钮 Generate。

Details of Boolean1	
Boolean	Boolean1
Operation	Subtract
Target Bodies	1 Body
Tool Bodies	1 Body
Preserve Tool Bodies?	No

图 2-73 布尔运算

ANSYS Fluent实例详解

> **提示：** 直接在图形窗口中选择翼型几何可能比较麻烦，此时可以在模型树中选择。

为了划分网格的需要，下面将计算域切分为四个部分。

❖ 选择 Plane4 基准平面，单击工具栏创建草图按钮🗺，切换至 Sketching 模式，创建一条竖直线，如图 2-74 所示。

❖ 选择 Plane4 基准平面，单击工具栏创建草图按钮🗺，切换至 Sketching 模式，创建一条水平线，如图 2-75 所示。

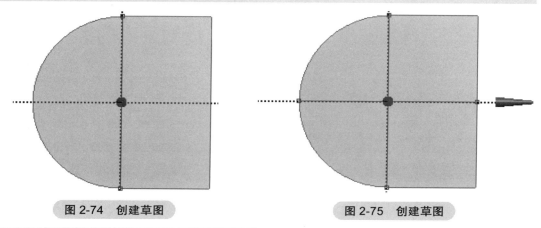

图 2-74 创建草图　　　　　　图 2-75 创建草图

❖ 选择菜单 Concept → Lines From Sketches，分别选择上面创建的竖直线和水平线，创建两条 Line。

❖ 选择菜单 Tools → Projection，如图 2-76 所示，在属性窗口中选择 Edge 为上面步骤创建的 4 条线，设置 Target 为计算域，单击工具栏按钮 Generate。

最终的计域如图 2-77 所示。

Details of Projection1	
Projection	Projection1
Type	Edges On Face
Edges	4
Target	1
Direction Vector	None (Closest Direction)
Imprint	Yes
Extend Edges	Yes

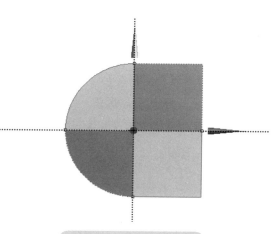

图 2-76 投影线到面　　　　　图 2-77 最终的计算域

❖ 如图 2-78 所示，删除模型树中的 Line Body。

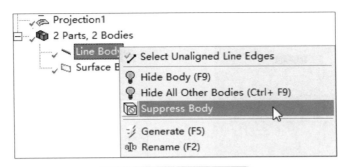

图 2-78　删除多余的几何

❖ 关闭 DesignModeler，返回 Workbench 主界面。

2.2.3　网格划分

❖ 双击 A3 单元格（Mesh）进入 Mesh 模块。

❖ 如图 2-79 所示，右键单击模型树节点 Mesh，选择菜单 Insert → Face Meshing，在图形窗口中选择所有的面，单击属性窗口中的 Apply 按钮。

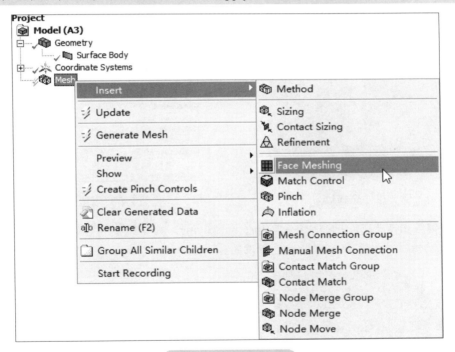

图 2-79　面网格方法

提示：在选择面之前，确保选中了工具栏的面选择过滤器 ⬚。

❖ 右键单击模型树节点 Mesh，选择菜单 Insert → Sizing，切换过滤器为边选择 ⬚，选择图 2-80 中的 4 条边（按住 Ctrl 键选择），属性窗口中按图 2-81 所示进行设置。

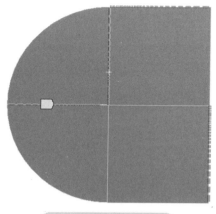

图 2-80　选择边尺寸

Scope	
Scoping Method	Geometry Selection
Geometry	4 Edges
Definition	
Suppressed	No
Type	Number of Divisions
Number of Divisions	50
Advanced	
Size Function	Uniform
Behavior	Hard
Bias Type	_ _ __ ___
Bias Option	Bias Factor
Bias Factor	150.
Reverse Bias	2 Edges

图 2-81　网格参数设置

❖ 右键单击模型树节点 Mesh，选择菜单 Insert → Sizing，选择图 2-82 中的 4 条边（按住 Ctrl 键选择），属性窗口中按图 2-83 所示进行设置。

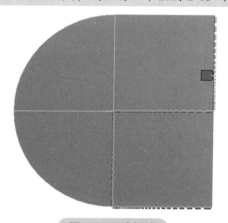

图 2-82　选择边

Scope	
Scoping Method	Geometry Selection
Geometry	4 Edges
Definition	
Suppressed	No
Type	Number of Divisions
Number of Divisions	50
Advanced	
Size Function	Uniform
Behavior	Hard
Bias Type	_ _ __ ___
Bias Option	Bias Factor
Bias Factor	150.
Reverse Bias	1 Edge

图 2-83　网格参数设置

❖ 右键单击节点 Mesh，选择菜单 Insert → Sizing，选择图 2-84 中的 2 条边（按住 Ctrl 键选择），属性窗口中按图 2-85 所示进行设置。

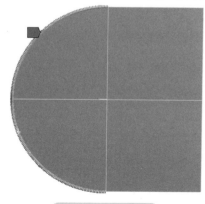

图 2-84　选择边

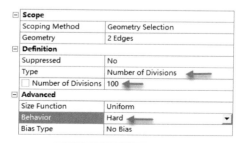

Scope	
Scoping Method	Geometry Selection
Geometry	2 Edges
Definition	
Suppressed	No
Type	Number of Divisions
Number of Divisions	100
Advanced	
Size Function	Uniform
Behavior	Hard
Bias Type	No Bias

图 2-85　网格参数设置

❖ 右键单击模型树节点 Mesh，选择菜单 Generate Mesh 生成网格，如图 2-86 所示。
生成的网格如图 2-87 所示。

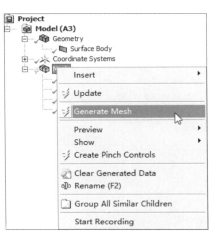

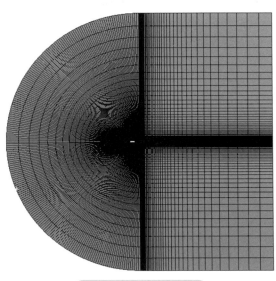

图 2-86　生成网格　　　　　　　　　　　图 2-87　生成的网格

❖ 按图 2-88 所示为边界命名。两条圆弧及上下两条水平边线命名为 inlet，最右侧的两条竖直边线命名为 outlet，组成翼型的两条边线命名为 wall。

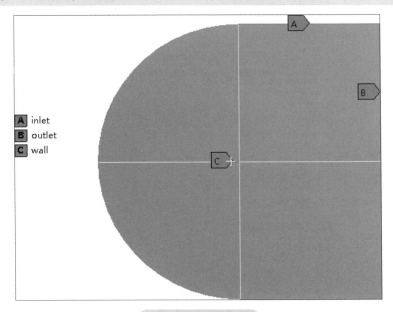

图 2-88　边界命名

❖ 关闭 Mesh 模块，返回至 Workbench 主界面。
❖ 如图 2-89 所示，右键单击 A3 单元格，选择菜单项 Update 更新网格。

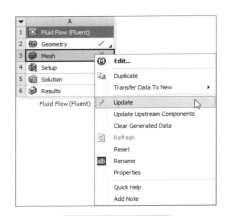

图 2-89　更新网格

2.2.4　Fluent 设置

Step 1：启动 Fluent

❖ 双击 A4 单元格（Setup），启动 Fluent。

❖ 在 Fluent 启动界面中，选择选项 Double Precision，如图 2-90 所示。

❖ 单击 OK 按钮进入 Fluent。

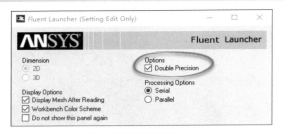

图 2-90　启动 Fluent

Step 2：General 设置

❖ 如图 2-91 所示，单击 General 节点，选择右侧面板中 Density-Based 选项。

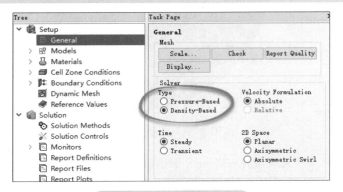

图 2-91　选择求解器类型

提示：一般情况下，压力基求解器（Pressure-Based）适用于低速不可压缩流动，密度基求解器（Density-Based）更适用于高速可压流动。但这两种求解器的使用范围并非如此严格受限，密度基也可用于低速不可压流动，压力基也可用于高速可压流动。

Step 3：Models 设置

❖ 单击模型树节点 Models，双击右侧面板中列表项 Viscous-Laminar。

❖ 如图 2-92 所示，选择黏性模型为 Inviscid，单击 OK 按钮关闭对话框。

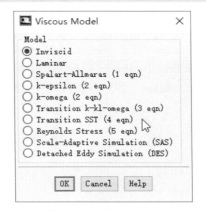

图 2-92　选择模型

提示：本实例采用无黏模型计算，这并非是一种真实的物理情况，但是当流速非常大，黏性力与惯性力相比几乎可以忽略的条件下，采用无黏模型可以提高计算速度，同时计算精度也不会损失太多。

Step 4：Material 设置

❖ 单击模型树节点 Materials，双击右侧面板列表项 air。

❖ 在弹出的材料属性边界对话框中设置材料密度 Density 为 1。

❖ 单击 Change/Create 及 Close 按钮修改材料属性并关闭对话框。

Step 5：Boundary Conditions 设置

❖ 单击模型树节点 Boundary Conditions，双击右侧面板列表项 inlet。

❖ 选择 Velocity Specification Method 选项为 Components，设置 X-Velocity 为 0.9945，设置 Y-Velocity 为 0.1045，单击 OK 按钮关闭对话框。

提示：这里采用速度分量的形式指定入口速度，注意不能采用默认的沿法向指定速度。攻角为 6°，则 X 方向速度为 cos6°=0.9945，Y 方向速度为 sin6°=0.1045。

❖ 其他边界类型采用默认设置。确认 outlet 边界类型为 pressure-outlet。

Step 6：Monitors 设置

❖ 双击模型树节点 Monitors，之后双击右侧面板中列表项 Residuals-Print,Plot，如图 2-93 所示，设置 continuity、x-velocity 及 y-velocity 的残差标准为 1e-6。

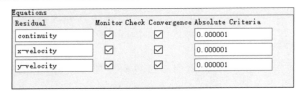

图 2-93 设置残差标准

Step 7：初始化及计算

❖ 双击模型树节点 Solution Initialization，单击右侧面板中 Initialize 按钮。
❖ 双击模型树节点 Run Calculation，设置右侧面板中选项 Number of Iterations 为 3000，单击 Calculate 按钮进行计算。

大约 2600 步计算后达到收敛。

2.2.5 计算后处理

Step 1：速度矢量查看

❖ 双击模型树节点 Graphics，之后双击右侧面板中列表项 Vectors。
❖ 如图 2-94 所示，设置 Vectors of 为 Velocity，设置 Color by 为 Velocity…，单击 Display 按钮。

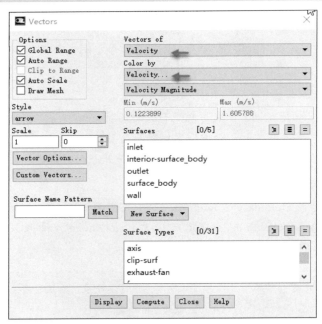

图 2-94 速度矢量显示设置

速度矢量分布如图 2-95 所示。

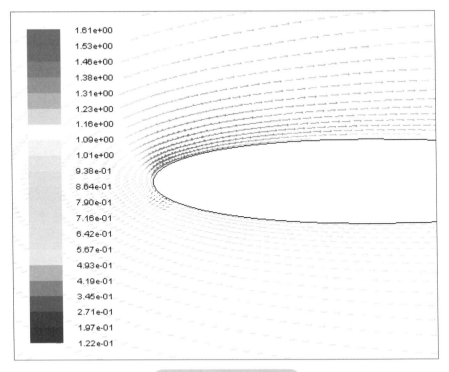

图 2-95 速度矢量分布

Step 2: 压力云图查看

❖ 双击模型树节点 Graphics，之后双击右侧面板中列表项 Contours。

❖ 如图 2-96 所示，激活选项 Filled，选择 Contours of 下拉列表框为 Pressure 及 Static Pressure，单击按钮 Display，结果如图 2-97 所示。

图 2-96 压力云图显示设置

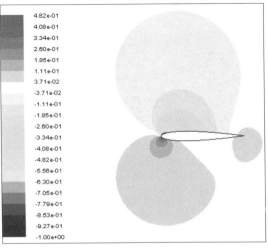

图 2-97 翼型位置压力云图

Step 3: 查看流线

❖ 双击模型树节点 Graphics，之后双击右侧面板中列表项 Contours 弹出流线设置对话框。

❖ 如图 2-98 所示，对话框中取消选项 Filled，取消选项 Auto Range，选择 Contours of 下拉列表框为 Velocity 及 Stream Function，设置 Min 及 Max 的值分别为 13.11 及 14.16，单击 Display 按钮，结果如图 2-99 所示。

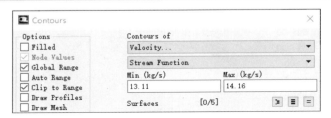

图 2-98　流线设置

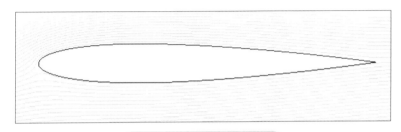

图 2-99　翼身周围的流线

Step 4: 压力系数

在查看压力系数之前，需要先设置参考值。

❖ 如图 2-100 所示，双击模型树节点 Reference Values，选择右侧选项 Compute from 为 inlet，其他参数保持默认。

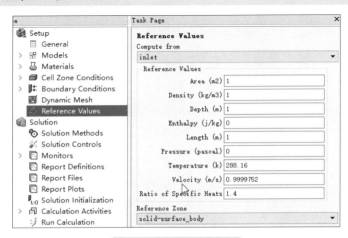

图 2-100　设置参考值

❖ 双击模型树节点 Plots，之后双击右侧面板中列表项 XY Plot。

❖ 如图 2-101 所示，选择 Y Axis Function 为 Pressure 及 Pressure Coefficient，设置 X Axis Function 为 Direction Vector，选择 Surface 为 wall。

❖ 单击按钮 Curves…，设置 Line Style 的 Pattern 为直线，如图 2-102 所示，单击 Apply 及 Close 按钮关闭对话框。

❖ 返回至 Solution XY Plot 对话框，单击 Plot 按钮，结果如图 2-103 所示。

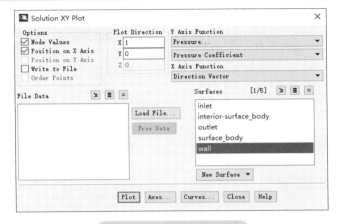

图 2-101 显示压力系数

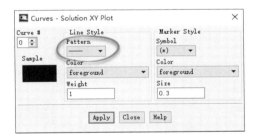

图 2-102 设置 Curve 形式

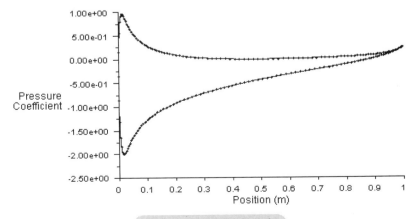

图 2-103 压力系数分布

Step 5：升阻力系数

❖ 双击模型树节点 Report，双击右侧面板中列表项 Forces。

❖ 如图 2-104 所示，对话框中设置 Direction Vector 为（0.9945，0.1045），选择 Wall Zones 为 wall，单击 Print 按钮。

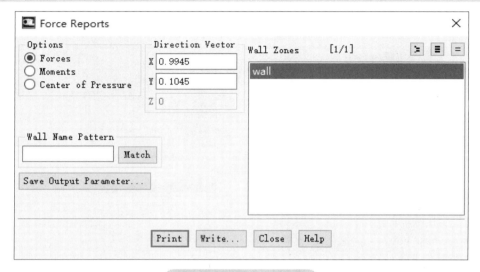

图 2-104　查看阻力系数

如图 2-105 所示，从 TUI 窗口输出的阻力及阻力系数信息可看出，计算得到的阻力系数为 0.007739。

```
Forces - Direction Vector (0.9945 0.1045 0)
                         Forces (n)                                      Coefficients
Zone           Pressure          Viscous          Total           Pressure          Viscous          Total
wall           0.0038695953      0                0.0038695953     0.0077395737      0                0.0077395737
-----------------------------------------------------------------------------------------------------------------
Net            0.0038695953      0                0.0038695953     0.0077395737      0                0.0077395737
```

图 2-105　输出阻力信息

❖ 设置图 2-104 中 Direction Vector 为（−0.1045，0.9945），选择 Wall Zones 为 wall，单击 Print 按钮可查看升力及升力系数信息（见图 2-106）。

```
Forces - Direction Vector (-0.1045 0.9945 0)
                         Forces (n)                                      Coefficients
Zone           Pressure          Viscous          Total           Pressure          Viscous          Total
wall           0.32338226        0                0.32338226       0.64679653        0                0.64679653
-----------------------------------------------------------------------------------------------------------------
Net            0.32338226        0                0.32338226       0.64679653        0                0.64679653
```

图 2-106　输出升力信息

从图 2-106 可知，计算得到的升力系数为 0.64679。

2.2.6　计算结果验证

加密计算网格，将边上的网格数量增加至 100，网格总数为 40000，相同的条件下进行计算，比较升阻力系数，结果见表 2-1。

表 2-1　计算结果比较

类别	本次计算	精密网格计算	实验值
升力系数	0.6468	0.6670	0.6630
阻力系数	0.0077	0.0063	

2.3 【实例3】三维机翼跨音速流动计算

计算 3D 机翼在跨音速流动情况下的流场分布情况。通过本实例实现的目标包括：

1) 了解 3D 跨音速湍流流动数值模拟方法。

2) 创建 3D 计算网格。

3) 设置求解器参数获取收敛的迭代结果。

4) 观察 3D 流动特征。

5) 利用实验数据验证计算结果。

2.3.1　问题描述

本实例利用 Fluent 重新计算 NASA 利用 WIND 软件计算的 Onera M6 翼型结果（计算网址：http://www.grc.nasa.gov/www/wind/valid/m6wing/m6wing.html），并且利用其计算结果来验证本实例计算结果。

实例中流经 Onera M6 翼型为跨音速及可压缩流动。机翼表面流动为超音速条件，包含激波及边界层分离。翼身无扭曲，所有弦处于同一平面上。因此，攻角可以简化为自由来流与弦线的夹角。流动条件见表 2-2。

表 2-2　流动条件

马赫数	雷诺数	攻角 / (°)	侧滑角 / (°)
0.8395	11.72e6	3.06	0

实例几何模型如图 2-107 所示。

图 2-107　几何模型

2.3.2　几何模型

机翼模型采用外部导入，计算域模型在 DesignModeler 中创建。

Step 1: 导入几何模型

❖ 启动 Workbench，添加 Fluent 模块。

❖ 右键单击 A2 单元格，如图 2-108 所示，选择菜单 Import Geometry → Browse...，在打开的文件选择对话框中选择几何文件 ex2-3\OneraM6Geometry.STEP。

图 2-108　导入外部几何

❖ 右键单击 A2 单元格，选择菜单 New DesignModeler Geometry... 进入 DM 模块。

❖ 在 DesignModeler 模块中，单击工具栏按钮 Generate 导入模型。

机翼几何模型如图 2-109 所示。

图 2-109　机翼几何模型

Step 2: 创建计算域几何

❖ 双击模型树节点 XY Plane，选择工具栏按钮 Look at Face/Plane/Sketch 📐。

❖ 切换至 Sketching 模式，利用 Arc by Center 绘制半径 10ft 的圆弧，如图 2-110 所示。

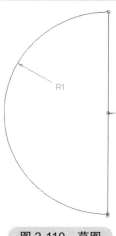

图 2-110　草图

提示: 为了设置单位方便,可利用菜单 UnitsFoot 使用英制单位。

❖ 选择工具栏按钮 Revolve 🦑Sweep,将草图沿 Y 轴旋转 90°,设置 Direction 为 Reversed,如图 2-111 所示单击 Generate 按钮生成几何。

Details of Revolve1	
Revolve	Revolve1
Geometry	Sketch1
Axis	2D Edge
Operation	Add Material
Direction	Reversed
☐ FD1, Angle (>0)	90 °
As Thin/Surface?	No
Merge Topology?	Yes
Geometry Selection: 1	
Sketch	Sketch1

图 2-111　旋转属性设置

❖ 选择工具栏按钮 Extrude 🅴Extrude,在属性窗口中选择 Geometry 为沿 X 轴的面,如图 2-112 所示。设置拉伸方向为 X 轴正方向,拉伸距离 Depth 为 11ft,单击 Generate 按钮生成几何。

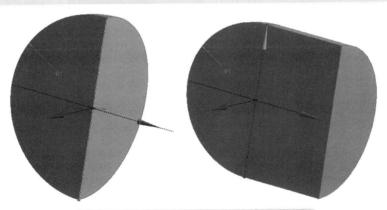

图 2-112　选择拉伸的面及最终生成的几何

❖ 选择菜单 CreateBoolean,设置 Operation 为 Substract,设置 Target Bodies 为上一步生成的几何,设置 Tool Bodies 为机翼几何,如图 2-113 所示单击 Generate 按钮生成几何。

Details of Boolean1	
Boolean	Boolean1
Operation	Subtract
Target Bodies	1 Body
Tool Bodies	1 Body
Preserve Tool Bodies?	No

图 2-113　布尔运算

关闭 DM 返回至 Workbench 工作台。

2.3.3　网格划分

❖ 双击 A3 单元格进入 Mesh 模块，如图 2-114 所示。

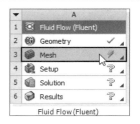

图 2-114　进入 Mesh 模块

❖ 选择菜单 Units，设置使用单位 U.S. Customary(ft,lbm,lbf,℉,s,V,A)，如图 2-115 所示。

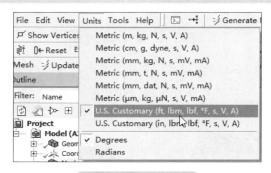

图 2-115　更改单位

Step 1：插入网格尺寸

❖ 如图 2-116 所示，右键单击模型树节点 Mesh，选择菜单 Insert → Sizing，在属性设置框中选择计算域体，设置 Element Size 为 0.3ft。

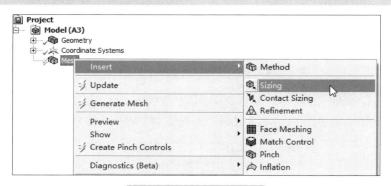

图 2-116　插入网格尺寸

❖ 采用相同的方法插入网格尺寸，设置机翼所有表面网格尺寸为 0.01ft。
❖ 如图 2-117 所示，右键单击模型树节点 Mesh，选择菜单 Insert → Inflation，在属性设置框中设置 Geometry 为 3D 几何体，设置 Boundary 为机翼上下表面，设置 Inflation Option 为 Total Thickness，设置 Maximum Thickness 为 0.006ft。

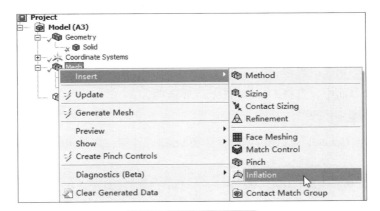

图 2-117　插入膨胀层

❖ 右键单击模型树节点 Mesh，选择菜单 Generate Mesh 生成网格。

Step 2：创建边界命名

图形窗口中选择几何面，选择鼠标右键菜单 Create Named Selection 命名边界，如图 2-118 所示，包括：far_side、near_side、outlet、inlet、wing surface、wing tip。

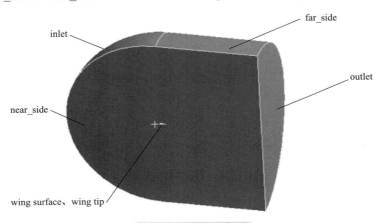

图 2-118　边界命名

关闭 Mesh 模块，返回至 Workbench 控制台。

❖ 右键单击 A3 单元格，选择菜单 Update 更新网格，如图 2-119 所示。

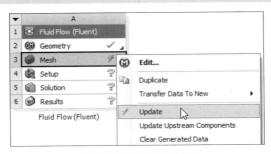

图 2-119　更新网格

2.3.4 Fluent 设置

双击 A4 单元格进入 Fluent 软件。

Step 1：选用双精度求解器

在 Fluent 启动界面中，选择 Double Precision 选项。

Step 2：查看模型尺寸

双击模型树节点 General，选择右侧面板选项 Scale... 按钮，在弹出的对话框中查看模型尺寸。

> 💡 **说明**：本例中模型来自于 DM，可以省去此操作。但若是从外部直接导入的 msh 文件，则需要特别检查模型尺寸。

Step 3：选择模型

本实例考虑流体的可压缩性，需要激活能量方程。流动为湍流，需考虑湍流模型。

❖ 双击模型树节点 Models，之后双击右侧面板中列表项 Energy，在弹出的 Energy 对话框中激活选项 Energy Equation，如图 2-120 所示，单击 OK 按钮确认选择并关闭对话框。

图 2-120 激活能量方程

❖ 双击列表项 Viscous-Laminar，如图 2-121 所示，在弹出的对话框中选择 Spalart-Allmaras（1eqn），其他选项采用默认设置，单击 OK 按钮关闭对话框。

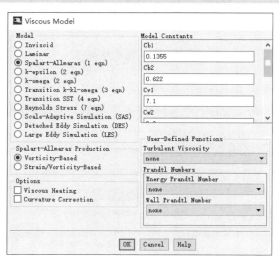

图 2-121 选择湍流模型

> 说明：Spalart-Allmaras 特别适用于外流场模拟，如飞机翼型计算。此模型也常常用于旋转机械的翼型计算。

Step 4：设置材料参数

本实例考虑介质的可压缩性，材料密度采用理想气体模型。设置介质黏度为1.6269e−5 kg/m·s。

❖ 双击模型树节点 Materials Fluid air，弹出材料参数设置对话框。

❖ 如图 2-122 所示，设置 Density 为 ideal-gas。

❖ 设置 Viscosity 为 1.6269e−5。

❖ 单击按钮 Change/Create 确认修改材料参数。

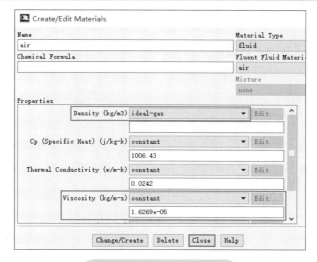

图 2-122 设置材料属性

Step 5：设置边界条件

本实例需要设置入口条件、壁面以及对称条件。

❖ 双击模型树节点 Boundary Conditions，选中右侧面板中列表项 far_side，如图 2-123 所示，在下方设置其 Type 为 pressure-far-field，弹出参数设置对话框，如图 2-124 所示。

图 2-123 设置边界条件

❖ 在 Momentum 标签页中设置 Gauge Pressure 为 315979.8 Pa。

❖ 设置 Mach Number 为 0.8395。

❖ 设置 X-Component of Flow Direction 为 0.9986。

❖ 设置 Y-Component of Flow Direction 为 0.0534。

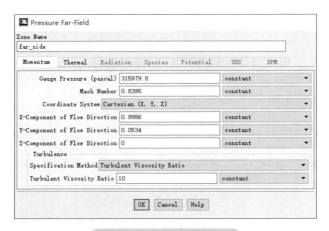

图 2-124 远场边界设置

❖ 切换到 Thermal 标签页，如图 2-125 所示，设置 Temperature 为 255.5556 K。
❖ 单击 OK 按钮关闭对话框。

图 2-125 设置远场温度

❖ 对 inlet 及 outlet 指定压力远场边界，边界参数与 far_side 相同。
❖ 设置 near_side 边界类型为 symmetry。

Step 6：设置参考值

❖ 双击模型树节点 Reference Values。
❖ 右侧面板中选择 Compute from 下拉列表项 inlet，如图 2-126 所示。

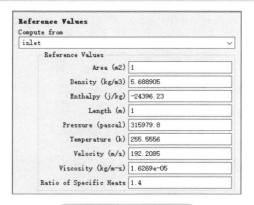

图 2-126 参考值设置

Step 7: 指定求解方法

❖ 双击模型树节点 Methods，右侧面板中设置 Scheme 为 Coupled，如图 2-127 所示。

❖ 激活选项 Pseudo Transient。

❖ 激活选项 Warped-Face Gradient Correction 及 High Order Term Relexation。

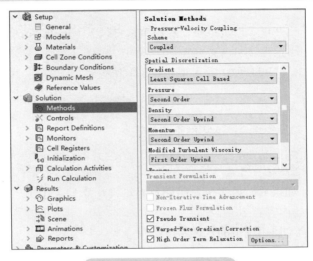

图 2-127 Methods 设置

Step 8: 初始化

本例采用标准初始化及 FMG 初始化共同进行初始化。

❖ 双击模型树节点 Initialization，右侧面板中选择选项 Standard Initialization，如图 2-128 所示。

❖ 选择 Compute from 下拉列表项选项为 inlet。

❖ 单击按钮 Initialize 按钮进行初始化。

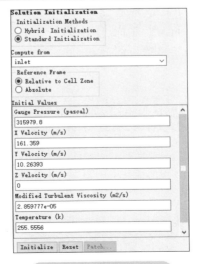

图 2-128 初始化设置

❖ 在 TUI 窗口中输入命令 /solve/initialize/fmg-initialization yes 进行 FMG 初始化。

注意：对于复杂的外流场计算，采用 FMG 初始化能获得更好的初始条件。

Step 9： 计算

❖ 双击模型树节点 Run Calculation，右侧面板中设置 Number of Iterations 为 1000，单击 Calculate 按钮进行计算。

❖ 计算完毕后关闭 Fluent 返回至 Workbench 工作界面。

2.3.5 计算后处理

本实例后处理操作参见实例 2，本实例不再赘述。

2.4 【实例 4】转捩流动

在一些 CFD 工程（如机翼、风力机、船舶及涡轮机叶片）应用中，边界层转捩流动的模拟非常重要。本实例包含的内容：

1）模型可压缩流动（使用理想的气体密度法则）。

2）设置外部流量的边界条件。

3）使用 Transition SST 湍流模型。

4）使用全多重网格（FMG）初始化来获得更好的初始值。

5）对结果进行后处理，并将其与实验数据进行比较。

2.4.1 问题描述

本实例所考虑的翼型弦长 1m，分别计算攻角为 13.1° 情况下的流场分布（对应雷诺数分别为 2.07e6）。模型几何如图 2-129 所示。

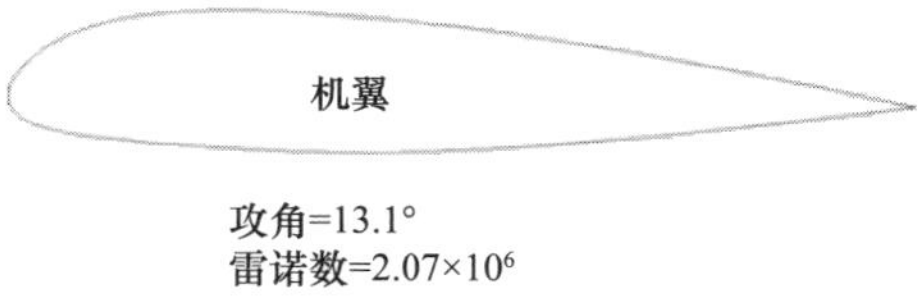

计算采用 2D 模型，翼型的头部为坐标原点，计算域尺寸为 X 方向 −18~25 m，Y 方向尺寸为 −18~21.56m，划分全四边形网格，总数量约为 65536 个计算网格。

机翼

攻角=13.1°
雷诺数=2.07×10^6

图 2-129 几何模型

注意：对于本实例计算，由于采用 SST K-omega 模型，因此要求壁面位置 y+≈1。

2.4.2 Fluent 设置

Step 1： 启动 Fluent

❖ 启动 Fluent，激活 Double Precision 选项，如图 2-130 所示，单击 OK 按钮进入 Fluent。

❖ 利用菜单 File → Read → Mesh…，读取计算网格文件 ex2-4\a_airfoil.msh。

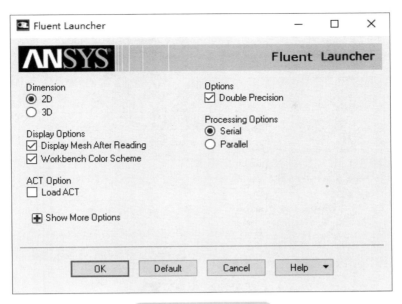

图 2-130 启动 Fluent

计算网格如图 2-131 所示。

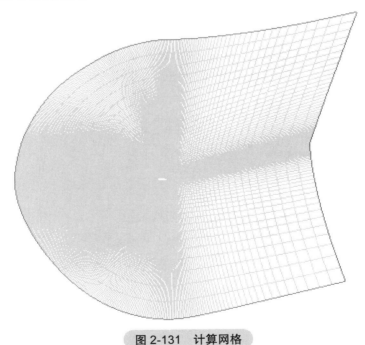

图 2-131 计算网格

Step 2： Materials 设置

❖ 双击模型树节点 Materials → Fluid → air，打开材料设置对话框。

❖ 如图 2-132 所示，修改 Density 为 ideal-gas。

❖ 单击按钮 Change/Create 修改材料参数。

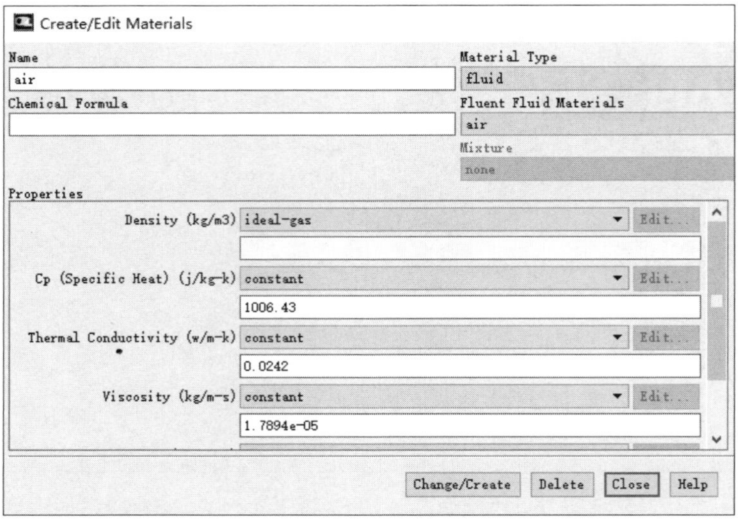

图 2-132　材料设置

注：选择材料密度为 ideal-gas 后，软件自动开启能量方程。

Step 3：Models 设置

❖ 双击模型树节点 Models → Viscous，弹出湍流模型选择对话框。
❖ 如图 2-133 所示，选择 Transition SST(4 eqn) 湍流模型。

图 2-133　选择转捩模型

注：Transition SST 模型是基于 SST k-omega 模型而开发的，额外添加了两个用于求解转捩过程的方程，计算量要比 SST 模型大。

Step 4：Boundary Conditions

❖ 双击模型树节点 Boundary Conditions，在右侧面板中单击按钮 Operating Conditions…。

❖ 在弹出的对话框中设置 Operating Pressure 为 59607.1，如图 2-134 所示。

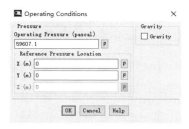

图 2-134　设置操作条件

❖ 双击模型树节点 Boundary Conditions → inlet，弹出压力远场条件设置对话框，如图 2-135 所示。

❖ 设置 Gauge Pressure 为 0 Pa，设置 Mach Number 为 0.15。

❖ 设置 X-Component of Flow Direction 为 0.97398。

❖ 设置 Y-Component of Flow Direction 为 0.22665。

❖ 设置 Intermittency 为 1，设置 Turbulent Intensity 为 1 %，设置 Turbulent Viscosity Ratio 为 15。

❖ 切换至 Thermal 标签页，设置 Temperature 为 273 K。

❖ 单击 OK 按钮关闭对话框。

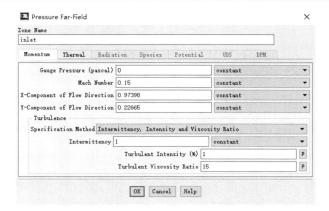

图 2-135　设置压力远场边界

❖ 双击模型树节点 Boundary Conditions → outlet，弹出压力出口条件设置对话框。

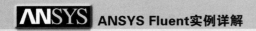

❖ 如图 2-136 所示，设置 Intermittency 为 1，设置 Turbulent Intensity 为 1%，设置 Turbulent Viscosity Ratio 为 15。

❖ 切换至 Thermal 标签页，设置 Temperature 为 273K。

❖ 单击 OK 按钮关闭对话框。

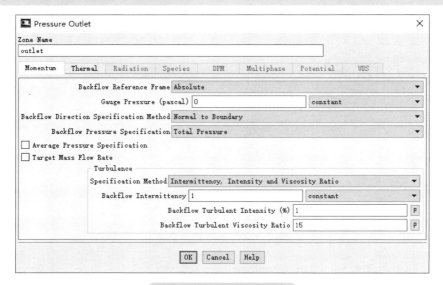

图 2-136　设置压力出口

Step 5： Method 设置

❖ 双击模型树节点 Solution → Methods，在右侧面板中设置 Scheme 为 Coupled，如图 2-137 所示。

❖ 激活选项 Pseudo Transient。

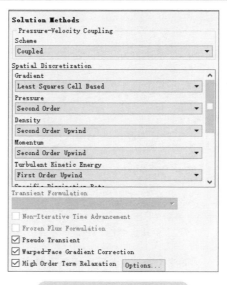

图 2-137　设置计算方法

Step 6：Controls 设置

❖ 双击模型树节点 Solution → Controls，在右侧面板中进行如图 2-138 所示参数设置。

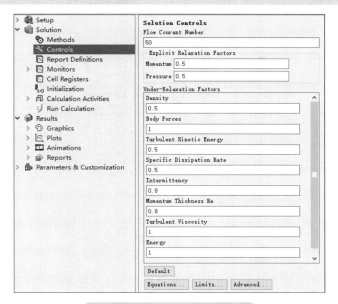

图 2-138　设置求解控制参数

Step 7：初始化

❖ 双击模型树节点 Solution → Initialization，在右侧面板中设置 Compute from 为 inlet，如图 2-139 所示。

❖ 单击 Initialize 按钮进行初始化。

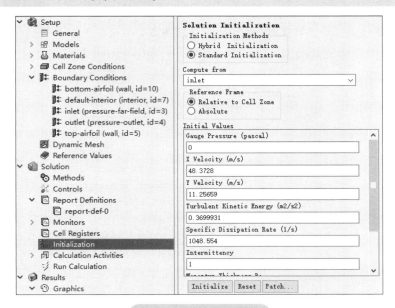

图 2-139　计算初始化

Step 8：FMG 初始化

❖ TUI 窗口输入命令 /solve/initialize/fmg-initialization yes 进行 FMG 初始化。
TUI 窗口信息如图 2-140 所示。

```
> /solve/initialize/fmg-initialization yes

Creating multigrid levels...
Grid Level  0:  65536 cells,  131648 faces,  66112 nodes
Grid Level  1:  16384 cells,   66112 faces,      0 nodes
Grid Level  1:  16384 cells,   33056 faces,      0 nodes
Grid Level  2:   4096 cells,   33344 faces,      0 nodes
Grid Level  2:   4096 cells,    8336 faces,      0 nodes
Grid Level  3:   1024 cells,   16960 faces,      0 nodes
Grid Level  3:   1024 cells,    2120 faces,      0 nodes
Grid Level  4:    256 cells,    8768 faces,      0 nodes
Grid Level  4:    256 cells,     548 faces,      0 nodes
Grid Level  5:     64 cells,    4672 faces,      0 nodes
Grid Level  5:     64 cells,     146 faces,      0 nodes
Done.

FMG: Converge FAS on level 5

FMG: Converge FAS on level 4

FMG: Converge FAS on level 3

FMG: Converge FAS on level 2

FMG: Converge FAS on level 1
0.->1.->2.->3.->4.->5.<<<<<

FMG: Initialize flow for Segregated solution.. . end
```

图 2-140　FMG 初始化

Step 9：Reference Value 设置

❖ 双击模型树节点 Reference Values，在右侧面板中设置 Compute from 为 inlet，软件
自动根据入口条件设置合适的参考值，如图 2-141 所示。

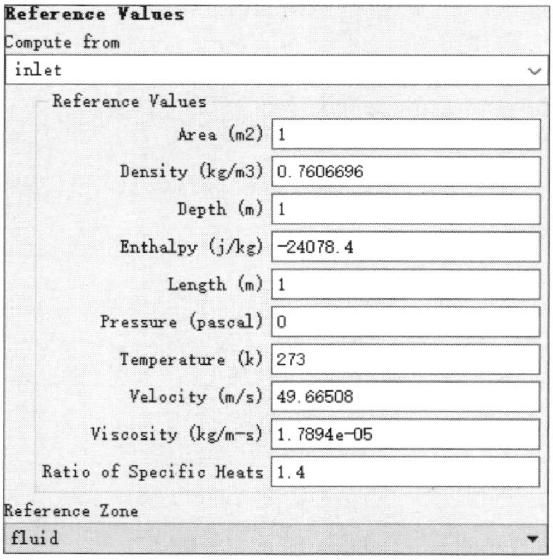

Reference Values
Compute from

| inlet | ⌄ |

Reference Values

Area (m2)	1
Density (kg/m3)	0.7606696
Depth (m)	1
Enthalpy (j/kg)	-24078.4
Length (m)	1
Pressure (pascal)	0
Temperature (k)	273
Velocity (m/s)	49.66508
Viscosity (kg/m-s)	1.7894e-05
Ratio of Specific Heats	1.4

Reference Zone

| fluid | ⌄ |

图 2-141　设置参考值

Step 10: 开始计算

❖ 双击模型树节点 Run Calculation，在右侧面板中设置 Number of Iterations 为 3000，如图 2-142 所示。

❖ 单击 Calculate 按钮开始计算。

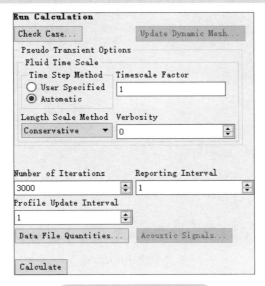

图 2-142　设置求解参数

2.4.3　计算后处理

Step 1: 云图查看

❖ 查看马赫数分布（见图 2-143）。

图 2-143　马赫数分布

❖ 压力分布（见图 2-144）。

图 2-144　压力分布

❖ 转捩分布（见图 2-145）。

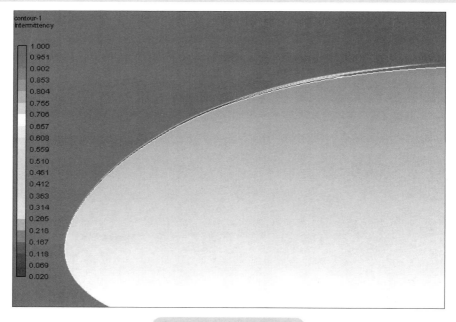

图 2-145　转捩位置分布

Step 2：曲线图

❖ 壁面摩擦系数显示设置如图 2-146 所示。

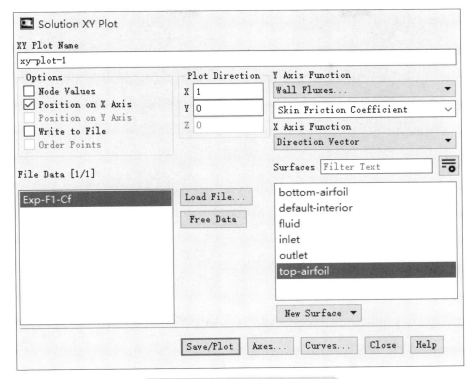

图 2-146 设置显示壁面摩擦系数

与实验结果进行对比，如图 2-147 所示。

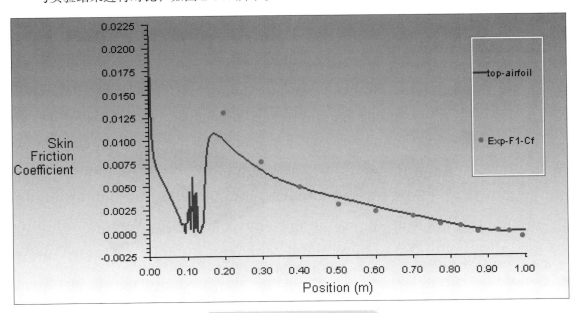

图 2-147 与实验值比较结果

❖ 压力系数分布（见图 2-148）。

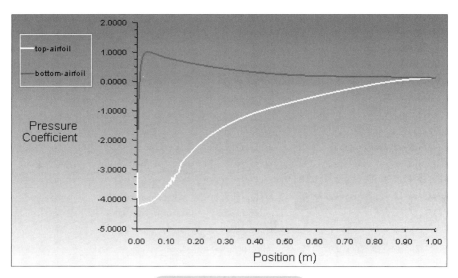

图 2-148 压力系数分布

2.5 【实例 5】血管内血液流动

本实例利用 Fluent 计算血管内血液流动情况。

通过本实例学习的内容包括：

1）创建三维内流计算域网格。

2）在 Fluent 中使用 Carreau 非牛顿流体模型。

3）通过 UDF 加载随时间变化的边界条件。

2.5.1 问题描述

考虑如图 2-149 所示的颈动脉分叉的三维模型。

图 2-149 计算模型

血液从入口流入分叉动脉，并从两个出口流出。入口处的动脉直径约为 6.3mm。出口 1 的直径约为 4.5mm，出口 2 的直径约为 3.0mm。血液密度为 $1060\,kg/m^3$。

实例中血液黏度采用 Carreau 非牛顿流体模型，其定义流体黏度为剪切率的函数。当剪切力增加时，血液黏度减小。该模型表示为

$$\mu_{\text{eff}}(\dot{\gamma}) = \mu_{\text{inf}} + (\mu_0 - \mu_{\text{inf}})(1 + (\lambda\dot{\gamma}^2))^{\frac{n-1}{2}}$$

式中，

$$\mu_0 = 0.056 \text{kg/(m·s)}$$
$$\mu_{\text{inf}} = 0.0035 \text{kg/(m·s)}$$
$$\lambda = 3.3113\text{s}$$
$$n = 0.3568$$

考虑到血液循环的脉动性，实例设置血管入口处速度为时间的函数，而出口为主的压力定义为恒定压力 10 mmHg。入口压力分布规律为

$$v_{\text{inlet}}(t) = \begin{cases} 0.5\sin[4\pi(t+0.0160236)] & 0.5n < x \leqslant 0.5n + 0.218 \\ 0.1 & 0.5n + 0.218 < n \leqslant 0.5(n+1) \end{cases}$$

式中，n 为周期数，$n=0$、$1\ldots$。

速度随时间变化曲线如图 2-150 所示。

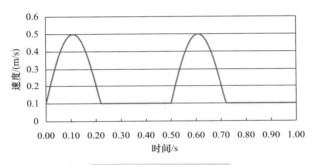

图 2-150 速度入口分布

出口边界：健康人的收缩压约为 120mmHg，舒张压约为 80mmHg。本实例取平均压力 100mmHg（约 13332Pa）作为出口处的静态表压。

2.5.2 几何模型

本实例几何模型采用外部导入。

❖ 启动 Workbench，添加 Fluid Flow(Fluent) 模块。

❖ 右键单击 A2 单元格，如图 2-151 所示选择菜单。Import Geometry → Browse…，选择几何文件 ex2-5\bif_artery.STEP。

导入的几何模型如图 2-152 所示。

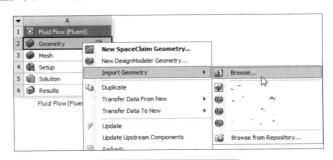

图 2-151 导入几何模型

2.5.3　划分网格

本实例采用四面体网格划分。

❖ 双击 A3 单元格进入 Mesh 模块。

图 2-152　几何模型

注意：几何模型中包含较多的碎面，这里采用 virtual topology 方法来处理。

❖ 右键单击模型树节点 Model，如图 2-153 所示，选择菜单 Insert → Virtual Topology，程序自动插入节点 Virtual Topology 到树形菜单。

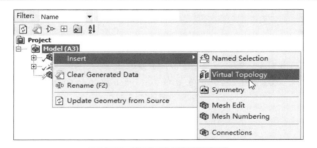

图 2-153　构建虚拟拓扑

❖ 选择图 2-154 中所示表面，单击鼠标右键，选择菜单 Insert → Virtual Cell 插入虚拟拓扑。

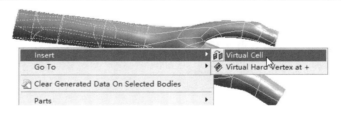

图 2-154　创建虚拟拓扑

采用相同方式创建其他面的虚拟拓扑，结果如图 2-155 所示。

图 2-155　虚拟拓扑面

❖ 右键单击模型树节点 Mesh，如图 2-156 所示，选择菜单 Insert → Sizing 插入网格尺寸。

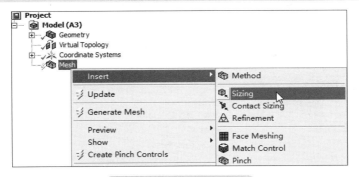

图 2-156 插入网格尺寸

❖ 如图 2-157 所示，在属性窗口中设置 Geometry 为 3D 几何体，设置 Element Size 为 0.5mm。

Scope	
Scoping Method	Geometry Selection
Geometry	1 Body
Definition	
Suppressed	No
Type	Element Size
Element Size	0.5 mm
Advanced	
Defeature Size	Default (4.287e-003 mm)
Size Function	Uniform
Behavior	Soft
Growth Rate	Default (1.20)

图 2-157 网格尺寸参数

❖ 右键单击模型树节点 Mesh，如图 2-158 所示，选择菜单 Insert → Inflation 插入膨胀层网格。

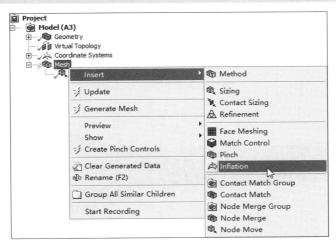

图 2-158 插入膨胀层

❖ 如图 2-159 所示，在属性窗口中设置 Geometry 为 3D 几何体，设置 Boundary 为除进出口之外的其他表面，设置 Inflation Option 为 Total Thickness，设置 Maximum Thickness 为 0.6 mm。

Scope	
Scoping Method	Geometry Selection
Geometry	1 Body
Definition	
Suppressed	No
Boundary Scoping Method	Geometry Selection
Boundary	4 Faces
Inflation Option	Total Thickness
☐ Number of Layers	5
☐ Growth Rate	1.2
☐ Maximum Thickness	0.6 mm
Inflation Algorithm	Pre

图 2-159　膨胀层网格参数

❖ 右键单击模型树节点 Mesh，单击子菜单 Generate Mesh 生成网格。生成的网格如图 2-160 所示。

图 2-160　最终网格

❖ 如图 2-161 所示，命名边界 inlet、outlet1、outlet2 及 walls。

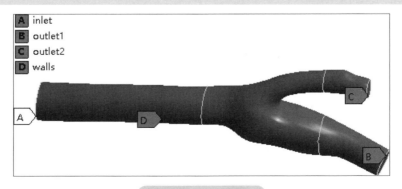

图 2-161　边界命名

❖ 选中 Mesh 节点，单击工具栏按钮 Update 更新网格。

❖ 关闭 Mesh 模块，返回至 Workbench 工作界面。

2.5.4 Fluent 设置

❖ 双击 A4 单元格启动 Fluent，选择激活 Double Precision 选项。

Step 1：General 设置

❖ 双击模型树节点 General，如图 2-162 所示，在右侧面板中选择选项 Transient。

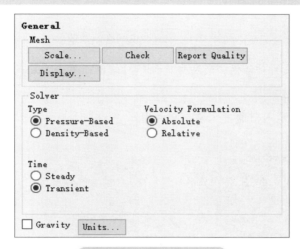

图 2-162　General 设置

Step 2：Materials 设置

❖ 双击模型树节点 Materials → Fluid → air，弹出材料设置对话框，如图 2-163 所示。

❖ 修改 Name 为 blood，设置 Density 为 1060 kg/m³，设置 Viscosity 为 Carreau，弹出模型设置对话框。

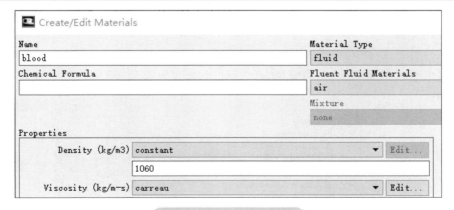

图 2-163　设置材料参数

❖ 在弹出的 Carreau 模型设置对话框中，按图 2-164 所示设置模型参数。

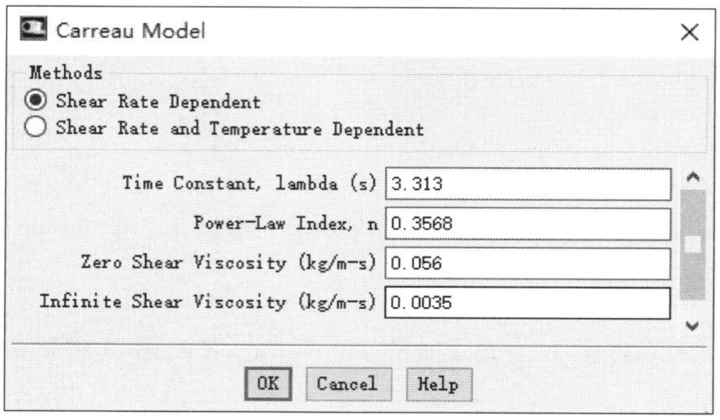

Carreau Model
Methods
Shear Rate Dependent
Shear Rate and Temperature Dependent
Time Constant, lambda (s) 3.313
Power-Law Index, n 0.3568
Zero Shear Viscosity (kg/m-s) 0.056
Infinite Shear Viscosity (kg/m-s) 0.0035
OK
Cancel
Help

图 2-164　设置非牛顿流体参数

❖ 单击 OK 按钮关闭对话框，随即弹出询问对话框，单击 Yes 覆盖 air 材料参数。

Step 3： 解释 UDF 宏

实例利用 UDF 宏指定入口速度，该宏文件为：

```
#include "udf.h"
#define PI 3.141592654
DEFINE_PROFILE(inlet_velocity,th,i)
{
    face_t f;
    double t = CURRENT_TIME;
    begin_f_loop(f,th)
    {
if(t <= 0.218)
            F_PROFILE(f,th,i) = 0.5*sin(4*PI*(t+0.0160236));
        else
            F_PROFILE(f,th,i) = 0.1;
    }
    end_f_loop(f,th);
}
```

❖ 右键单击模型树节点 User Defined Functions，如图 2-165 所示，单击弹出菜单项 Interpreted…。

Parameters & Customization
Parameters
Custom Field Functions
User Defined Functions
User Defined Scalars
User Defined Memory
Interpreted...
Compiled...
Manage...
Function Hooks...
Execute on Demand...

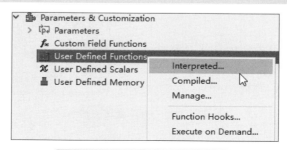

图 2-165　解释方式加载宏文件

❖ 在弹出对话框中单击 Browse... 按钮，选择 UDF 宏文件 vinlet_udf.c，单击 Interpret 按钮解释源文件，如图 2-166 所示。

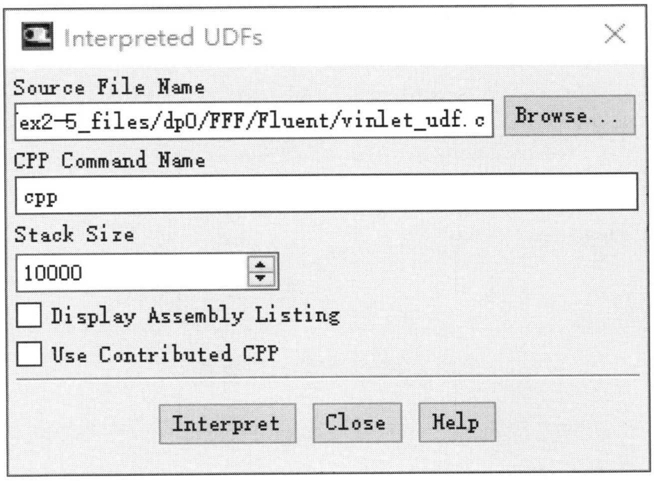

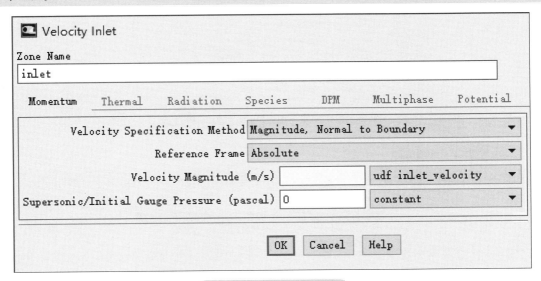

图 2-166　解释宏文件

❖ 单击 Close 按钮关闭对话框。

Step 4： Boundary Conditions

❖ 双击模型树节点 Boundary Conditions → inlet，弹出边界设置对话框。

❖ 如图 2-167 所示，设置 Velocity Magnitude 为 udf inlet_velocity，单击 OK 按钮关闭对话框。

图 2-167　设置入口边界

❖ 双击模型树节点 Boundary Conditions → outlet1，弹出边界设置对话框。

❖ 如图 2-168 所示，设置 Gauge Pressure 为 13332 Pa，单击 OK 按钮关闭对话框。

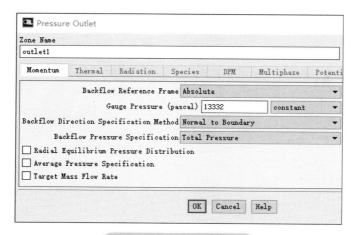

图 2-168　设置出口边界

❖ 采用相同参数设置边界 outlet2，设置 Gauge Pressure 为 13332 Pa。

Step 5：Reference Values

❖ 双击模型树节点 Reference Values，按图 2-169 所示设置参考值。

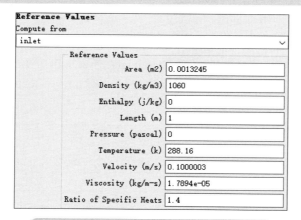

图 2-169　设置 Reference Values 参考值

Step6：Initialization

❖ 如图 2-170 所示，右键单击 Initialization，之后单击菜单项 Initialize 进行初始化。

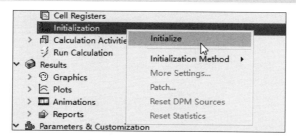

图 2-170　初始化计算

Step 7：Autosave

❖ 双击模型树节点 Calculation Activities → Autosave，在右侧面板中设置 Autosave Every 参数为 1。

Step 8：Run Calculation

❖ 双击模型树节点 Run Calculation。

❖ 如图 2-171 所示，右侧面板中设置 Time Step Size 为 0.01s，设置 Number of Time Steps 为 50，设置 Max Iterations/Time Step 为 40。

❖ 单击 Calculate 按钮进行计算。

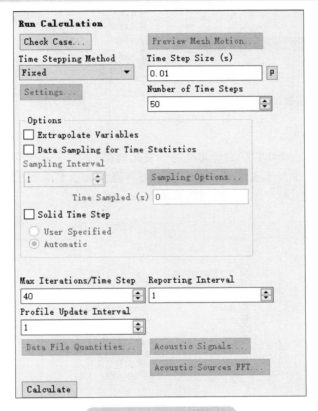

图 2-171　设置计算参数

❖ 关闭 Fluent 返回 Workbench 工作界面。

2.5.5　计算后处理

❖ 双击 A6 单元格进入 CFD-Post 模块。

Step 1：查看壁面剪切应力

❖ 双击模型树节点 Walls，如图 2-172 所示，在属性窗口中设置 Model 为 Variable，设置 variable 为 Wall Shear，设置 Range 为 Local。

❖ 单击 Apply 按钮显示壁面剪切应力分布。

0.5s 时刻的剪切应力分布如图 2-173 所示。

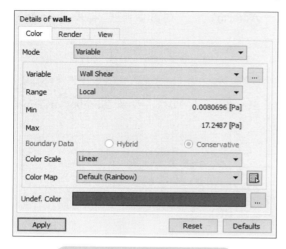

图 2-172　设置壁面云图显示

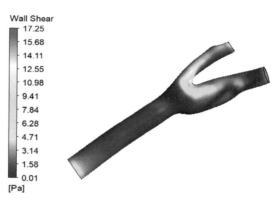

图 2-173　剪切应力分布

Step 2: 定义表达式

定义表达式以查看两个出口位置流量随时间变化规律。

❖ 如图 2-174 所示，进入 Expressions 标签页，在空白位置单击鼠标右键，选择弹出菜单 New，弹出新建表达式对话框，命名表达式为 AveMassflow1。

图 2-174　新建表达式

❖ 在表达式定义窗口中输入 massFlow()@outlet1，如图 2-175 所示，单击 Apply 按钮。

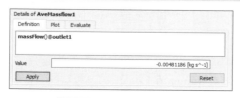

图 2-175　定义表达式

❖ 采用相同方式定义表达式 AveMassflow1，定义为 massFlow()@outlet2。

Step 3：曲线显示

❖ 选择菜单 Insert → Chart 插入曲线图。

❖ 如图 2-176 所示，在属性窗口中 General 标签页内设置 Type 为 XY - Transient or Sequence，激活选项 Display Title，设置 Title 为流量 vs. Time。

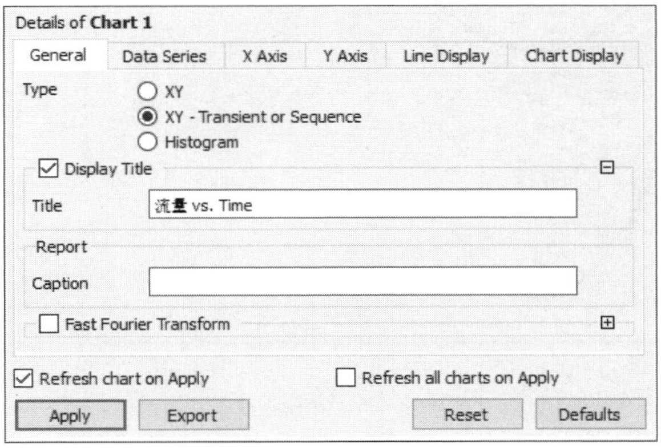

图 2-176　设置曲线属性

❖ 如图 2-177 所示，切换至 Data Series 标签页，创建两个 Data Series，分别设置 Name 为 outlet 1、outlet2，选择选项 Expression，分别选择表达式为 AveMassflow 1 与 AveMassflow 2。

❖ 单击 Apply 按钮绘制曲线图。

图 2-177　添加数据集

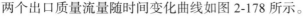

两个出口质量流量随时间变化曲线如图 2-178 所示。

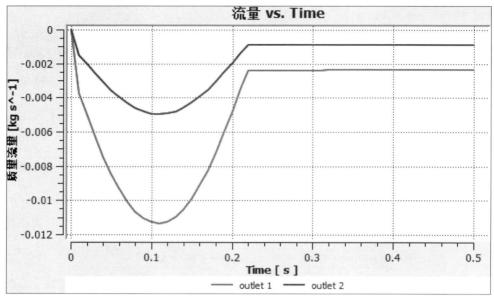

图 2-178　出口流量随时间分布

2.6 【实例 6】多孔介质流动计算

现实生活中常会碰到多孔介质的问题，如水处理中常会碰到的筛网、过滤器，环境工程中的土壤等，此类问题的特点在于几何孔隙非常多，建立真实几何非常麻烦。在流体计算中通常对此类问题进行简化，将多孔区域简化为增加了阻力源的流体区域，从而省去建立多孔几何的麻烦。简化方式一般为在多孔区域提供一个与速度相关的动量汇，其表达形式为

$$S_i = -\left(\sum_{j=1}^{3} D_{ij} \mu v_j + \sum_{j=1}^{3} C_{ij} \frac{1}{2} \rho |v| v_j \right)$$

式中，S_i 为第 $i(x,y,z)$ 方向的动量方程源项；$|v|$ 为速度值；D 与 C 为指定的矩阵。式中右侧第一项为黏性损失项，第二项为惯性损失项。

对于均匀多孔介质，则可改写为

$$S_i = -\left(\frac{\mu}{\alpha} v_i + C_2 \frac{1}{2} |v| v_i \right)$$

式中，α 为渗透率；C_2 为惯性阻力系数。此时矩阵 D 为 $1/\alpha$。动量汇作用于流体产生压力梯度，$\nabla p = S_i$，即有 $\Delta p = -S_i \Delta n$，而 Δn 为多孔介质域的厚度。

2.6.1　问题描述

本实例演示利用 Fluent 模拟计算多孔介质流动问题，如图 2-179 所示。

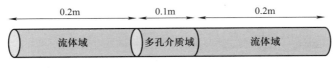

图 2-179 实例示意图

流体介质为空气，其密度 1.225kg/m³，动力黏度 1.7854e−5Pa·s，实验测定气体通过多孔介质区域后的速度与压力降见表 2-3。

将表中的数据拟合为 $\Delta p = av^2 + bv$ 的形式。

数据拟合后的函数表达式为

$$\Delta p = 0.27194 v^2 + 4.85211 v$$

因此，

$$0.27194 = C_2 \frac{1}{2} \rho \Delta n$$

而密度 $\rho = 1.225$，$\Delta n = 0.1m$，可得到惯性阻力系数 $C_2 = 4.439$。而

$$4.85211 = \frac{\mu}{\alpha} \Delta n$$

动力黏度 $\mu = 1.7854 \times 10^{-5}$，换算得黏性阻力系数 $D = \dfrac{1}{\alpha} = 2.7177 \times 10^6$

拟合曲线如图 2-180 所示。

表 2-3 速度与压力降之间关系

速度 /(m/s)	压力降 /Pa
20	197.8
50	948.1
80	2102.5
110	3832.9

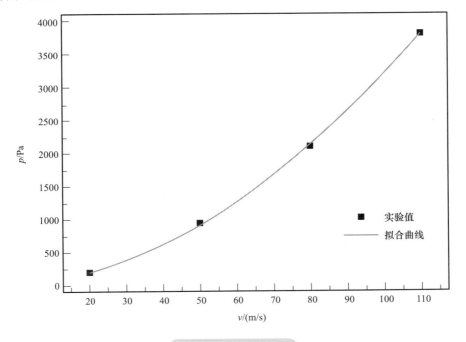

图 2-180 拟合曲线

2.6.2 Fluent 设置

Step 1: 启动 Fluent

❖ 启动 Fluent, 并加载网格。

❖ 以 3D 模式启动 Fluent。

❖ 选择菜单 File → Read → Mesh..., 选择网格文件 ex2-6\ex2-3.msh。

❖ 软件导入计算网格并显示在图形窗口中。

Step 2: 检查网格

包括计算域尺寸检查及负体积检查。

❖ 双击模型树节点 General。

❖ 单击右侧设置面板中的 Scale... 按钮。

如图 2-181 所示, 查看 Domain Extents 下的计算域尺寸, 确保计算域模型尺寸与实际要求一致, 否则需要对计算域进行缩放。本实例尺寸保持一致, 无须进行额外操作。单击 Close 按钮关闭对话框。

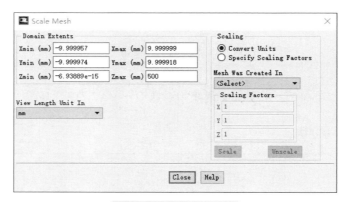

图 2-181 计算域尺寸

❖ 单击 General 设置面板中的 Check 按钮, 查看 TUI 窗口中的文本信息。

❖ 如图 2-182 所示, 确保 minimum volume 的值为正值。

```
Domain Extents:
  x-coordinate: min (m) = -9.999958e-03, max (m) = 1.000000e-02
  y-coordinate: min (m) = -9.999975e-03, max (m) = 9.999919e-03
  z-coordinate: min (m) = -6.938894e-18, max (m) = 5.000000e-01
Volume statistics:
  minimum volume (m3): 1.437011e-11
  maximum volume (m3): 1.409358e-09
    total volume (m3): 1.562759e-04
Face area statistics:
  minimum face area (m2): 5.273246e-08
  maximum face area (m2): 3.415215e-06
Checking mesh.........................
Done.
```

图 2-182 检查网格

Step 3：Models

❖ 设置物理模型。本实例主要设置湍流模型，采用 Realizable k-epsilon 湍流模型。

❖ 双击模型树节点 Models，之后双击右侧设置面板 Models 列表框中的 Viscous 列表项。

❖ 如图 2-183 所示，在弹出的 Viscous Models 设置对话框中，选择 Model 为 k-epsilon，选择 k-epsilon Model 为 Realizable，采用默认的 Standard Wall Functions。

图 2-183　设置湍流模型

Step 4：Materials

采用默认材料 air，密度 1.225kg/m^3，动力黏度 1.7894e-5Pa·s。

Step 5：Cell Zone Conditions

本实例计算多孔介质区域，为了对比效果，先计算全为流体域情况。因此 Cell Zone Conditions 保持默认。

Step 6：Boundary Conditions

首先将重合面边界类型改为内部面边界，然后设置进出口条件。

❖ 双击模型树节点 Boundary Conditions 节点。

❖ 选择右侧面板中 Zone 列表框下的 left_interface_mid 列表项，设置其 Type 为 Interior。设置完毕后影子面自动消失。

❖ 选择 right_interface_mid 列表项，设置其 Type 为 Interior。

❖ 选择 Velocity inlet 列表项，设置其 Type 为 Velocity-inlet，设置 Velocity Magnitude 为 10m/s，设置 Specification Method 为 Intensity and Hydraulic Diameter，设置 Turbulent Intensity 为 5%，Hydraulic Diameter 为 20mm，如图 2-148 所示。

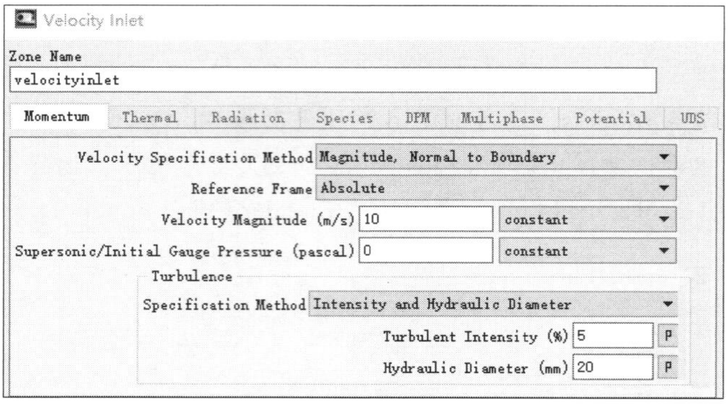

图 2-184　设置入口边界

❖ 单击 OK 按钮关闭对话框。

❖ 选择 Pressure outlet 列表项，设置其 Type 为 Pressure-outlet，设置 Specification Method 为 Intensity and Hydraulic Diameter，设置 Turbulent Intensity 为 5%，Hydraulic Diameter 为 20mm，其他参数保持默认。

❖ 单击 OK 按钮关闭对话框。

Step 7： Solution Methods

设置求解方法。

❖ 点选模型树节点 Solution Methods。

❖ 在右侧设置面板中设置 Pressure-Velocity Coupling Scheme 为 Coupled。

❖ 激活 Wraped-Face Gradient Correction 选项。

❖ 其他参数保持默认设置。

Step 8： Solution Initialization

采用默认设置，利用 Hybrid Initialization 方法进行初始化。

Step 9： Run Calculation

进行迭代计算。

❖ 双击模型树节点 Run Calculation。

❖ 右侧面板中设置 Number of Iterations 为 300。

❖ 单击 Calculate 按钮进行计算。

计算完毕后，利用菜单 File → Write → Case &Data... 保存工程文件 pipe_noPorous.cas 及 pipe_noPorous.dat。

Step 10： Cell Zone Conditions

设置多孔介质属性。

❖ 双击模型树节点 Cell Zone Conditions。

❖ 双击操作面板中 Zone 列表框中的 mid_domain 列表项。

❖ 在弹出的对话框中激活选项 PorousZone，并在 PorousZone 标签页下设置黏性阻力系数 2717700 及惯性阻力 4.439，其他参数为默认，如图 2-185 所示。

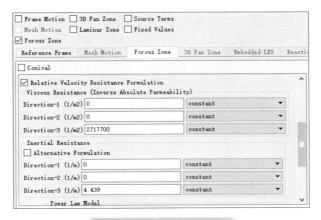

图 2-185 设置多孔介质

Step 11: Run Calculation

重新计算 300 步。

计算完毕后保存工程文件 pipe_porous.cas 及 pipe_porous.dat。

2.6.3 计算后处理

Step 1: 启动 CFD-Post

❖ 采用 CFD-Post 进行后处理,比较轴心线上速度变化。

❖ 启动 CFD-Post。

❖ 选择菜单 File → Load Results... 加载 pipe_noPorous.cas 及 pipe_porous.cas

文件加载后,软件自动将几何显示在图形窗口。

Step 2: 创建 Line

❖ 创建轴心线,以观察速度沿轴心线的变化。

❖ 选择菜单 Insert → Location → Line 创建线,按图 2-186 进行设置。

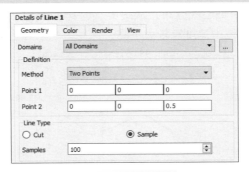

图 2-186 创建线

Step 3: 创建 Chart

利用 Chart 显示速度沿轴心线的变化曲线。

❖ 选择菜单 Insert → Chart，采用默认的 Chart 名称。

❖ 在右下角设置面板中 Data Series 标签页下，选择 Data Source 下的 Location 为 Line 1，如图 2-187 所示。

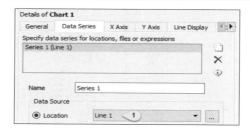

图 2-187　选择 Location

❖ 切换至 X Axis 标签页，设置 Variable 为 Z，如图 2-188 所示。

图 2-188　选择 X 轴变量

❖ 切换至 Y Axis 标签页，设置 Variable 为 Velocity，如图 2-189 所示。

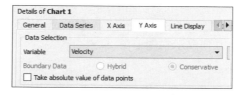

图 2-189　设置 YZ 轴变量

如图 2-190 所示为速度沿轴心线分布，从图 2-190 中可以看出，在 0~0.2m 范围内，两条曲线保持重合，在 0.2~0.3m 区域内速度有较大下降，这一区域正好是多孔介质区域。

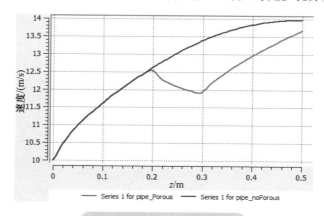

图 2-190　速度沿轴线分布

第3章 传热计算

3.1 【实例1】固体热传导计算实例

利用 Fluent 求解热传导方程，计算固体结构物内温度分布。铝制圆柱体，其直径与高度均为 1m，其顶部面温度为 100℃，下端面及侧面温度为 0℃，利用 Fluent 计算圆柱体内部温度分布。

3.1.1 几何模型

❖ 启动 Workbench，添加 Fluid Flow(Fluent) 模块至流程窗口中，如图 3-1 所示。

❖ 右键单击 A2 单元格，选择菜单 New DesignModeler Geometry... 进入 DM 模块，如图 3-2 所示。

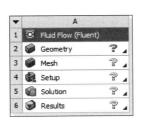

图 3-1 添加 Fluent 模块

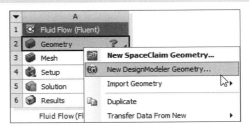

图 3-2 启动 DM 模块

❖ DM 模块中选择菜单项 Create → Primitives → Cylinder，属性窗口中设置 Radius 为 0.5m，如图 3-3 所示，其他参数保持默认设置，单击工具栏按钮 Generate 生成几何。

Details of Cylinder1	
Cylinder	Cylinder1
Base Plane	XYPlane
Operation	Add Material
Origin Definition	Coordinates
FD3, Origin X Coordinate	0 m
FD4, Origin Y Coordinate	0 m
FD5, Origin Z Coordinate	0 m
Axis Definition	Components
FD6, Axis X Component	0 m
FD7, Axis Y Component	0 m
FD8, Axis Z Component	1 m
FD10, Radius (>0)	0.5 m
As Thin/Surface?	No

图 3-3 设置几何尺寸

❖ 选择菜单 Tools → Symmetry，如图 3-4 所示，属性窗口中设置 Number of Planes 为 2，设置 Symmetry Plane 1 为 ZXPlane，设置 Symmetry Plane 2 为 YZPlane，单击工具栏按钮 Generate 生成几何。

最终生成的几何如图 3-5 所示。

Details of Symmetry1	
Symmetry	Symmetry1
Number of Planes	2
Symmetry Plane 1	ZXPlane
Symmetry Plane 2	YZPlane
Model Type	Full Model
Target Bodies	All Bodies
Export Symmetry	Yes

图 3-4 设置对称面

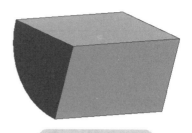

图 3-5 最终几何

❖ 关闭 DM 模块返回至 Workbench 工作界面。

3.1.2 网格划分

❖ Workbench 工作界面中双击 A3 单元格进入 Mesh 模块。

❖ 在 Mesh 模块中选中模型树节点 Mesh，属性窗口中设置 Span Angle Center 为 Fine，如图 3-6 所示。

⊞ **Display**	
⊞ **Defaults**	
⊟ **Sizing**	
Size Function	Curvature
Relevance Center	Fine
Transition	Slow
Span Angle Center	Fine
☐ Curvature Normal Angle	Default (18.0 °)
☐ Min Size	Default (0.178790 mm)
☐ Max Face Size	Default (17.8790 mm)
☐ Max Tet Size	Default (35.7590 mm)
☐ Growth Rate	Default (1.20)
Automatic Mesh Based Defeaturing	On
☐ Defeature Size	Default (8.9397e-002 mm)
Minimum Edge Length	500.0 mm
⊞ **Quality**	
⊞ **Inflation**	
⊞ **Assembly Meshing**	
⊞ **Advanced**	
⊞ **Statistics**	

图 3-6 设置网格参数

❖ 右键单击模型树节点 Mesh，单击弹出菜单项 Generate Mesh 生成网格。最终生成的网格如图 3-7 所示。

图 3-7 生成的计算网格

❖ 命名边界 top、bottom、side、symmetry，如图 3-8 所示。

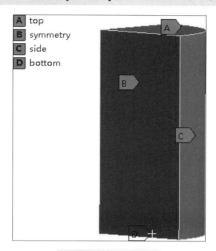

图 3-8　命名边界

❖ 右键单击模型树节点 Mesh，单击工具栏按钮 Update 更新网格。

❖ 关闭 Mesh 模块返回至 Workbench 工作界面。

3.1.3　Fluent 设置

❖ 双击 A4 单元格进入 Fluent。

Step 1：Models 设置

❖ 右键选中模型树节点 Models → Energy，单击菜单项 On 开启能量方程，如图 3-9 所示。

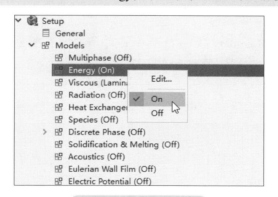

图 3-9　激活能量方程

Step 2：Materials

材质为铝，利用 Fluent 默认的固体材料属性。

Step 3：Cell Zone Conditions

❖ 右键选择模型树节点 Cell Zone Conditions → solid，如图 3-10 所示，单击弹出菜单 Type → solid，弹出计算域设置对话框，如图 3-11 所示。

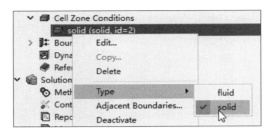

图 3-10　设置计算域类型

❖ 采用默认材料 aluminum，其他参数保持默认设置，单击 OK 按钮关闭对话框。

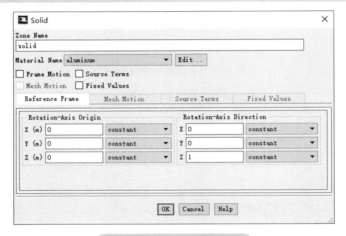

图 3-11　定义计算域材料

Step 4: Boundary Conditions

❖ 双击模型树节点 Boundary Conditions → top，弹出边界设置对话框。

❖ 设置 Temperature 为 373.15K，如图 3-12 所示。

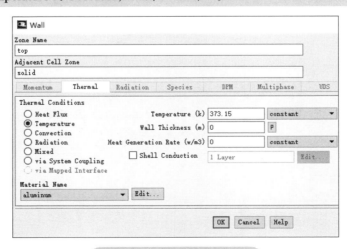

图 3-12　设置顶部边界温度

❖ 采用相同方式设置 bottom 及 side 边界的 Temperature 为 273.15 K。

Step 5：Controls 设置

❖ 双击模型树节点 Controls，右侧面板中单击按钮 Equations…，弹出设置对话框，如图 3-13 所示。

❖ 取消选择列表项 Flow，单击 OK 按钮。

图 3-13 取消流动计算

 提示：本实例仅仅求解热传导方程，并不求解流动方程，因此可以将 Flow 列表项取消。

Step 6：初始化

❖ 右键单击模型树节点 Initialization，之后单击弹出菜单项 Initialize 进行初始化，如图 3-14 所示。

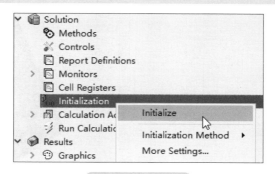

图 3-14 初始化

Step 7：Run Calculation

❖ 双击模型树节点 Run Calculation，右侧面板中设置 Number of Iterations 为 100，如图 3-15 所示。

❖ 单击 Calculate 按钮进行计算。

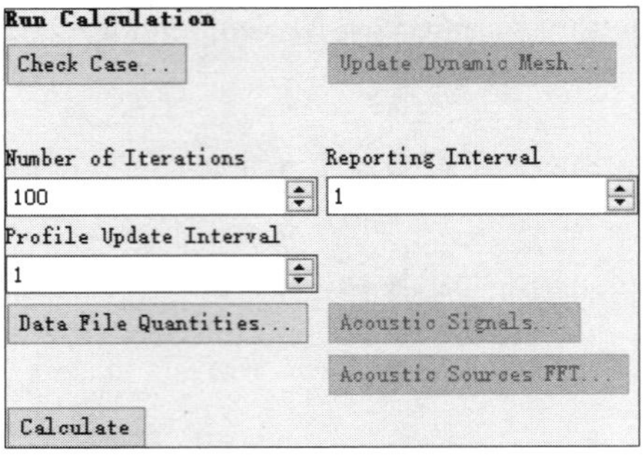

图 3-15　计算参数设置

迭代计算了 5 步达到收敛。

❖ 关闭 Fluent 返回至 Workbench 工作界面。

3.1.4　后处理

❖ Workbench 工作界面中双击 A6 单元格进入 CFD-Post 模块。

Step 1：查看壁面温度分布

❖ 选择菜单 Insert → Contour，属性窗口中设置 Locations 为 bottom,side,symmetry,top，如图 3-16 所示。

❖ 设置 Variable 为 Temperature，选择 Range 为 Local。

❖ 单击 Apply 按钮查看温度分布。

温度分布如图 3-17 所示。

图 3-16　设置显示参数

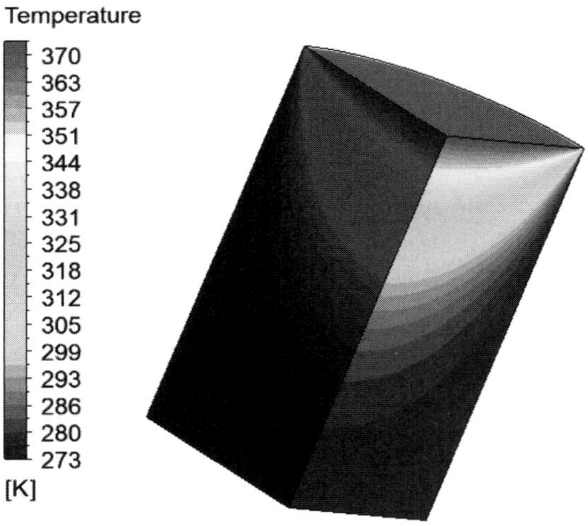

图 3-17　壁面温度分布

Step 2：查看轴线上温度分布

❖ 选择菜单 Insert → Location → Line 弹出创建线对话框，采用默认名称 Line 1。

❖ 属性窗口中设置定义线的两个点坐标分别为 [0 0 0]、[0 0 1]，设置 Samples 为 100，如图 3-18 所示，单击 Apply 按钮创建 Line。

❖ 选择菜单 Insert → Chart 插入二维曲线图。

❖ 属性窗口中设置 Data Series 标签页，设置 Location 为 Line 1，如图 3-19 所示。

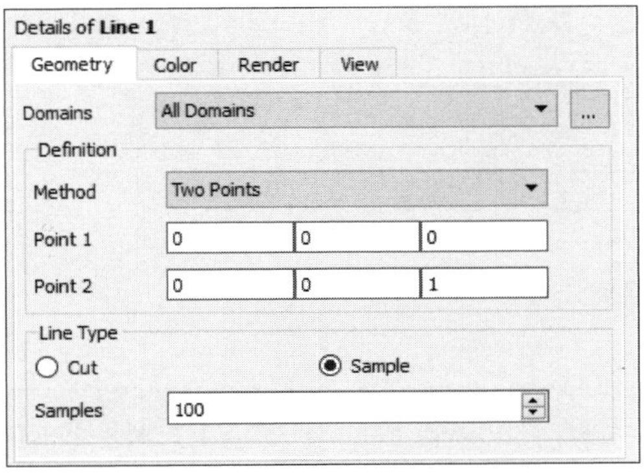

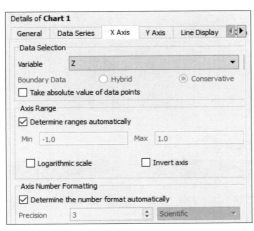

图 3-18　定义 Line

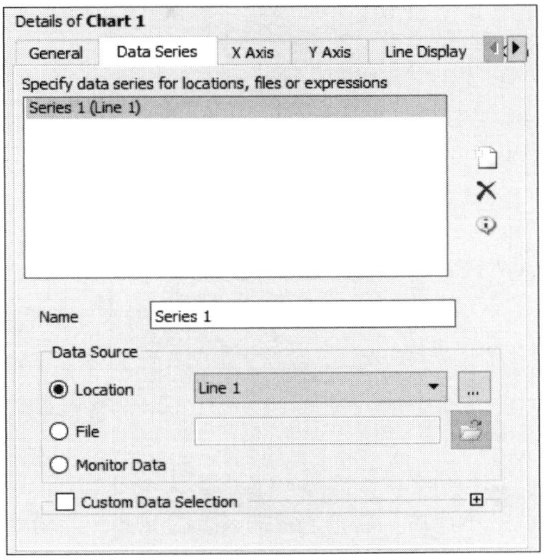

图 3-19　选择数据集

❖ 切换至 X Axis 标签页，设置 Variable 为 Z，如图 3-20 所示。

❖ 切换至 Y Axis，设置 Variable 为 Temperature，如图 3-21 所示。

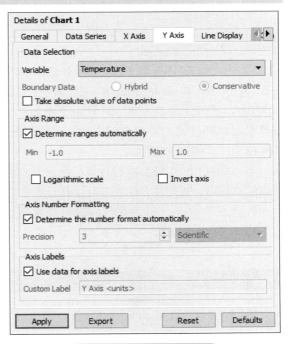

图 3-20　选择 X 轴变量

图 3-21　选择 Y 轴变量

❖ 单击 Apply 按钮显示温度分布。

温度分布如图 3-22 所示。

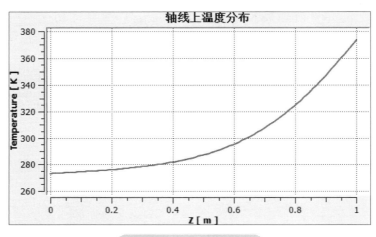

图 3-22　轴线温度分布

小技巧：利用 Fluent 计算固体热传导问题效率非常高，在网格数量相当的情况下，利用 Fluent 计算固体热传导所需的计算时间不到有限元计算时间的十分之一。

3.2 【实例 2】管内自然对流换热

本实例演示利用 Fluent 求解计算自然对流问题。

3.2.1 实例描述

两个无限长同心圆柱体，其中小圆柱半径 1.78cm，壁面温度 306.3K，大圆柱半径 4.628cm，壁面温度 293.7K，计算由于壁面温度差异引起两圆柱间的环形空间内自然对流情况。几何模型尺寸如图 3-23 所示。

本实例采用 2D 模型进行计算，考虑几何与流场的对称性，采用 1/2 模型进行计算。

计算域中介质材料为空气，其物理属性见表 3-1。

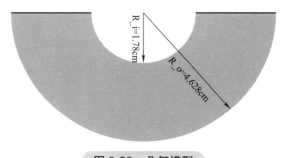

图 3-23　几何模型

表 3-1　材料物理属性

属性	参数
密度 /(kg/m^3)	1.1614
动力黏度 /(Pa·s)	1.846e−5
运动黏度 /(m^2/s)	1.589e−5
比热 /[J/(kg·K)]	1007.0
热膨胀系数 /(1/K)	0.00333
热传导系数 /[W/(m·K)]	0.0263
热扩散率 /(m^2/s)	2.249e−5

实例参数基于实验数据，相应的瑞利数约为 2.66e-4。

3.2.2 几何建模

本实例模型在 DM 中进行创建。

❖ 启动 Workbench，添加模块 Fluid Flow（Fluent）。

❖ 右键单击 A2 单元格，单击弹出菜单项 New DesignModeler Geometry… 进入 DM 模块，如图 3-24 所示。

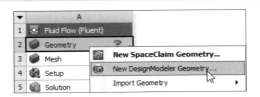

图 3-24 启动 DM 模块

❖ 在 XYPlane 上创建如图 3-25 所示草图。

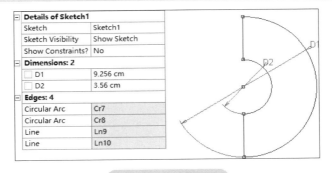

图 3-25 创建草图

❖ 选择菜单 Concept → Surface from Sketches，属性窗口中设置 Base Objects 为前一步创建的草图，单击工具栏按钮 Generate 生成几何。

生成的几何模型如图 3-26 所示。

图 3-26 生成的几何模型

❖ 关闭 DM 模块，返回至 Workbench 工作界面。

3.2.3 网格划分

❖ 双击 A3 单元格进入 Mesh 模块。

❖ 右键单击模型树节点 Mesh，单击弹出菜单 Insert → Sizing，属性窗口中设置 Geometry 为如图 3-27 所示的两条半圆弧，设置 Type 为 Number of Divisions，并设置其参数值为 40，如图 3-27 所示。

Scope	
Scoping Method	Geometry Selection
Geometry	2 Edges
Definition	
Suppressed	No
Type	Number of Divisions
Number of Divisions	40
Advanced	
Size Function	Uniform
Behavior	Soft
Growth Rate	Default (1.20)
Bias Type	No Bias

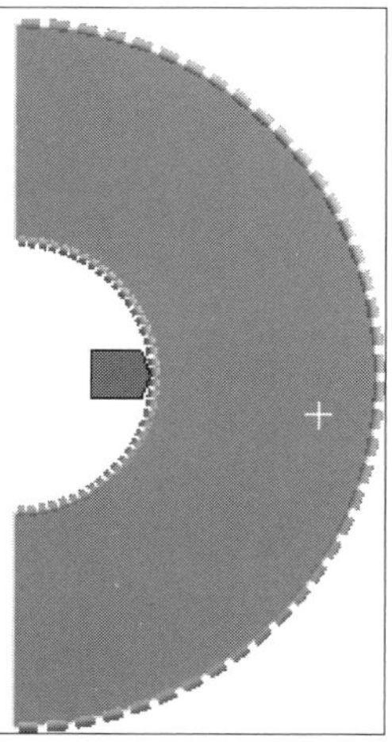

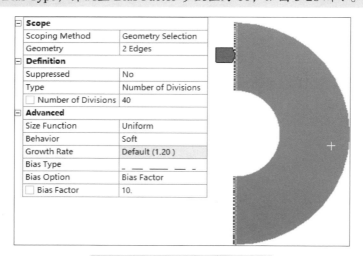

图 3-27　指定网格尺寸

❖ 右键单击模型树节点 Mesh，单击弹出菜单 Insert → Sizing，属性窗口中设置 Geometry 为如图 3-28 所示的两条直边，设置 Type 为 Number of Divisions，并设置其参数值为 40，设置 Bias Type，并设置 Bias Factor 参数值为 10，如图 3-28 所示。

Scope	
Scoping Method	Geometry Selection
Geometry	2 Edges
Definition	
Suppressed	No
Type	Number of Divisions
Number of Divisions	40
Advanced	
Size Function	Uniform
Behavior	Soft
Growth Rate	Default (1.20)
Bias Type	_ __ ___ __ _
Bias Option	Bias Factor
Bias Factor	10.

图 3-28　指定边上网格节点数量

❖ 右键单击模型树节点 Mesh，单击弹出菜单 Insert → Face Meshing，属性窗口中设置 Geometry 为图形窗口中的几何面，单击 Apply 按钮。

❖ 右键单击模型树节点 Mesh，选择菜单项 Generate Mesh 生成网格。

最终生成的网格如图 3-29 所示。

❖ 利用 Create Named Selection 为边界命名，创建如图 3-30 所示的边界命名。

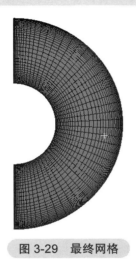

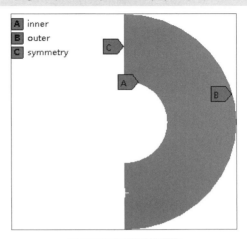

图 3-29　最终网格 　　　　　　　　　　图 3-30　命名边界

❖ 右键单击模型树节点 Mesh，单击工具栏按钮 Update 更新网格。

❖ 关闭 Mesh 模块，返回至 Workbench 工作界面。

3.2.4　Fluent 设置

❖ 双击 A4 单元格启动 Fluent 模块，启动界面中激活选项 Double Precision。

Step 1： General 设置

❖ 双击模型树节点 General，右侧面板中激活选项 Gravity。

❖ 设置重力加速度为 (0，−9.81)，如图 3-31 所示。

图 3-31　设置重力加速度

Step 2: Models 设置

❖ 右键选择模型树节点Models → Energy，单击菜单On激活能量方程，如图3-32所示。

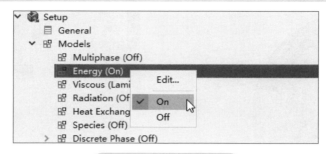

图 3-32　开启能量模型

Step 3: Materials 设置

❖ 双击模型树节点 Materials → fluid → air，弹出材料设置对话框，按图3-33所示进行参数设置。

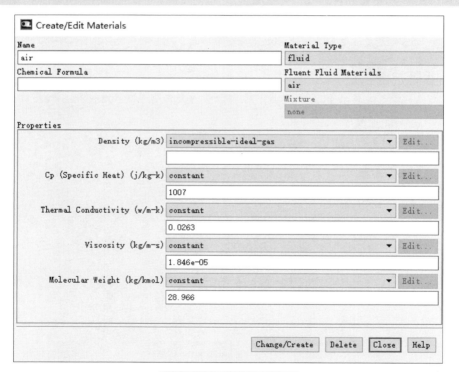

图 3-33　修改材料参数

Step 4: Boundary Conditions 设置

❖ 双击模型树节点 Boundary Conditions → inner，弹出边界设置对话框。

❖ 选择 Thermal 标签页，激活选项 Temperature，设置温度为 306.3 K，如图 3-34 所示。

❖ 单击 OK 按钮关闭对话框。

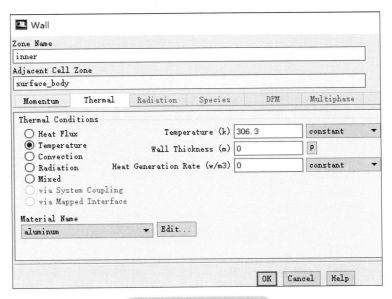

图 3-34 设置壁面温度

❖ 采用相同方式设置 outer 边界，设置其温度为 293.7 K。

Step 5: Methods 设置

❖ 双击模型树节点 Solution → Methods，右侧面板中设置 Scheme 为 Coupled，激活选项 Pseudo Transient，其他选项按如图 3-35 所示进行设置。

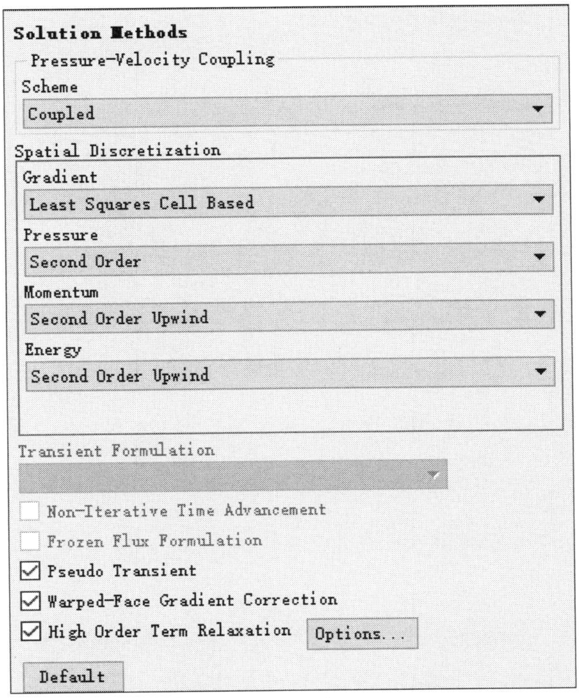

图 3-35 设置求解算法

Step 6：初始化及计算

❖ 右键单击模型树节点 Initialization，单击弹出菜单项 Initialize 进行初始化，如图 3-36 所示。

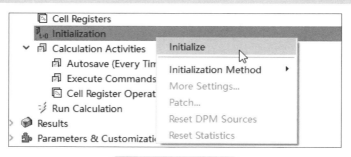

图 3-36　初始化计算

❖ 双击模型树节点 Run Calculation，右侧面板设置 Number of Iterations 为 500，如图 3-37 所示，单击 Calculate 按钮进行计算。

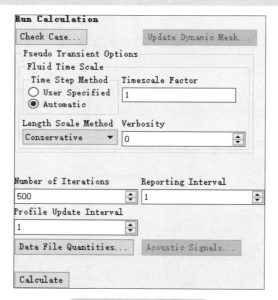

图 3-37　设置计算参数

❖ 计算结束后关闭 Fluent 返回至 Workbench 工作窗口。

3.2.5　计算后处理

❖ 双击 A6 单元格进入 CFD-Post 模块。

Step 1：温度分布

❖ 双击模型树节点 symmetry 1，下方属性窗口中设置 Mode 为 Variable，设置 Variable 为 Temperature，设置 Range 为 Local，如图 3-38 所示。

❖ 单击下方的 Apply 按钮显示温度分布。

温度分布如图 3-39 所示。

图 3-38 设置温度显示

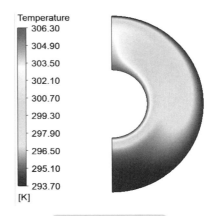

图 3-39 温度显示

Step 2: 实验值比较

计算自然对流过程中的平衡热导率。Kuehn 和 Goldstein 利用实验方式测量了本实例模型的平衡热导率。平衡热导率定义为实际传热量与单纯导热量的比值:

$$k_{eq} = \frac{q_{act}}{q_{cond}}$$

对于同心圆柱体:

$$q_{cond} = \frac{2\pi k \Delta T}{\ln(R_o / R_i)}$$

代入计算参数,可得 $q_{cond} = 2.177 \text{W/m}$

计算 q_{act} 可以通过在 CFD-Post 中定义表达式计算,如图 3-40 所示。

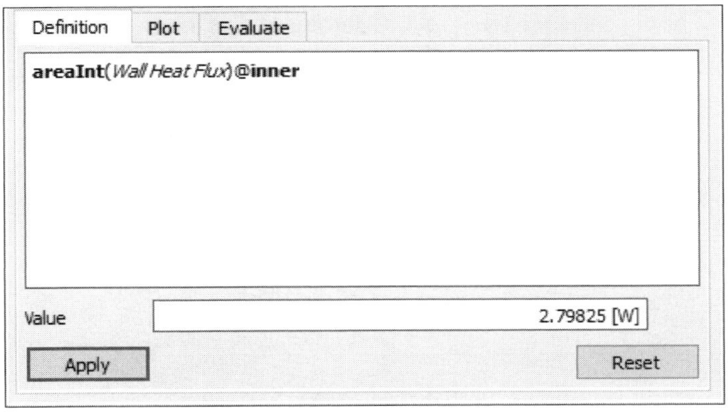

图 3-40 定义表达式

由于是半模型，因此 q_{act}=2.79825×2=5.5965

带入上式可得

$$k_{eq} = \frac{5.5965}{2.177} = 2.571$$

与实验值相吻合。

3.3 【实例3】空腔自然对流换热

本实例计算 2D 腔体内自然对流现象。

3.3.1 问题描述

本实例要计算的几何模型如图 3-41 所示。一个长 20cm，宽 2cm 的矩形几何，其中上边温度 500K，下边温度 300K，两侧边为绝热边界。内部介质为空气，在温度影响下产生自然对流。

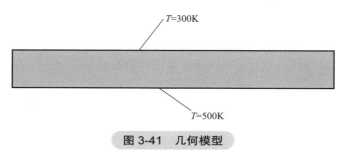

图 3-41　几何模型

3.3.2 建模及网格

采用 DM 创建几何模型，利用 Mesh 生成网格，划分为全四边形计算网格。上下边界划分 300 个节点，左右边界划分 30 个节点，共生成 9000 个网格。所使用的网格方法如图 3-42 所示。

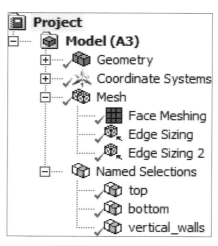

图 3-42　网格划分

生成网格如图 3-43 所示。

图 3-43 计算网格

边界命名如图 3-44 所示。

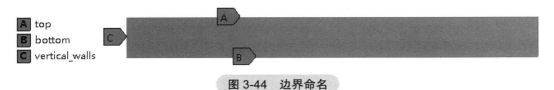

图 3-44 边界命名

3.3.3 Fluent 设置

❖ 启动 Fluent，开启 Double Precision，选择 OK 按钮启动 Fluent。

Step 1： General

❖ General 节点下激活重力加速度，设置重力加速度为 Y 方向 −9.81，如图 3-45 所示。

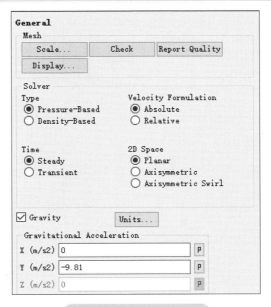

图 3-45 General 设置

 注：自然对流计算通常需要开启重力加速度。

Step 2： Models 节点

❖ 右键选择模型树节点 Models → Energy，单击弹出菜单项 On 激活能量方程，如图

3-46 所示。

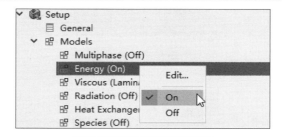

图 3-46　激活能量方程

本实例瑞利数：

$$Ra = \frac{g\beta\Delta TL^3\rho}{\mu\alpha} = \frac{9.81\times0.00367\times200\times0.02^3\times1.225}{1.7894\times10^{-5}\times0.000024} = 164313$$

式中，β 是热膨胀系数，α 是热扩散系数，μ 是黏滞系数，ρ 是密度，L 是特征长度，T 是温差。对于空气来说，热膨胀系数 β 为 0.00367，热扩散率 α 为 0.000024m²/s。通常认为当瑞利数大于 1e8 时，为湍流自然对流。故本实例采用默认的层流计算。

Step 3：Materials 节点

❖ 修改材料 air 的密度为 incompressible-ideal-gas，如图 3-47 所示。

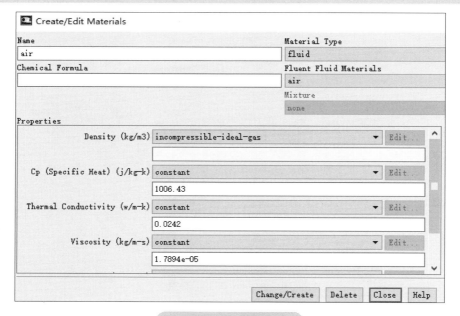

图 3-47　修改材料参数

> 提示：自然对流模拟常设置介质密度为不可压缩理想气体或 boussinesq。注意不可压缩理想气体适用于压力变化很小，但介质密度与温度变化相关的场合。

Step 4: Boundary Conditions

❖ 双击模型树节点 Boundary Conditions → top，弹出对话框中进入 Thermal 标签页，设置上边界温度为 300K，如图 3-48 所示。

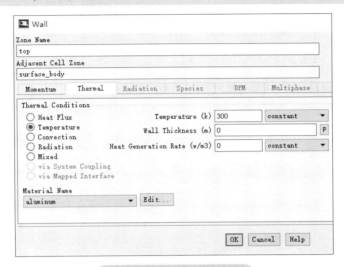

图 3-48　设置上壁面边界

❖ 双击模型树节点 Boundary Conditions → bottom，弹出对话框中进入 Thermal 标签页，设置下边界温度为 500K，如图 3-49 所示。

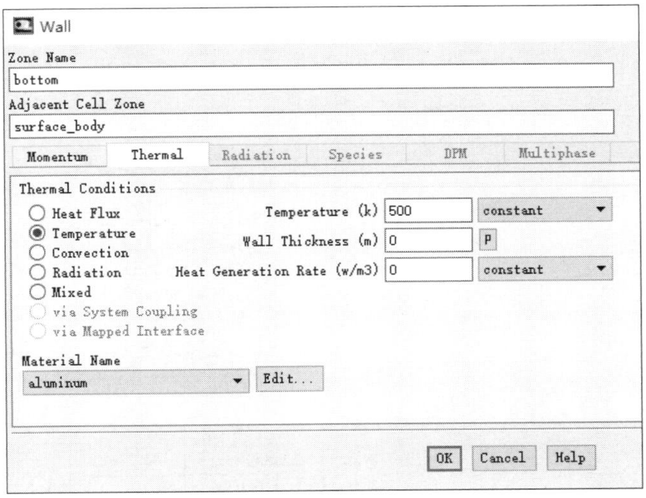

图 3-49　设置下壁面边界

Step 5: Methods

❖ 双击模型树节点 Solution → Methods，右侧面板中设置 Pressure-Velocity。Coupling 为 Coupled，激活选项 Pseudo Transient、Warped-Face Gradient Correction 及 High Order Term Relaxation，如图 3-50 所示。

图 3-50 设置求解算法

Step 6: 初始化并计算

❖ 右键单击模型树节点 Initialization，单击弹出菜单项 Initialize 初始化，如图 3-51 所示。

❖ 双击模型树节点 Run Calculation，右侧面板中设置 Number of Iterations 为 1000，单击 Calculate 按钮开始迭代计算，如图 3-52 所示。

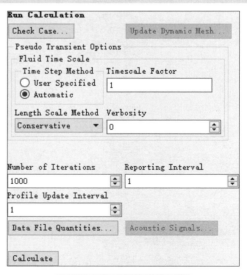

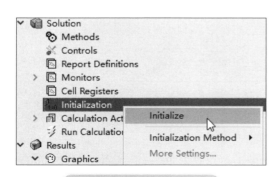

图 3-51 进行初始化计算

图 3-52 设置迭代计算

3.3.4 计算后处理

❖ 速度分布。

速度分布云图如图 3-53 所示。

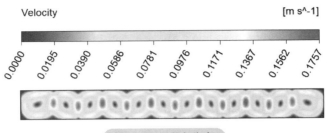

图 3-53 速度分布

❖ 温度分布。

温度分布云图如图 3-54 所示。

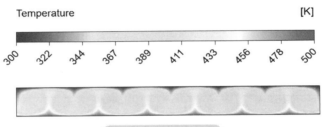

图 3-54 温度分布

> 💡 **小技巧**：对于自然对流仿真计算，最为核心部分在于介质材料的密度处理上。本实例将材料密度考虑为不可压缩理想流体模型是一种常规的自然对流仿真计算设置方式。

3.4 【实例4】管式换热器强制对流换热

3.4.1 实例描述

本实例研究三层管间换热问题，模型计算几何如图 3-55 所示。

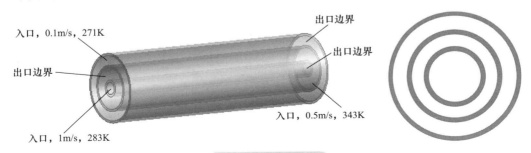

图 3-55 模型几何

管道截面从内到外圆直径分别为 13.5mm、18.5mm、45mm、50mm、70.5mm、75.5mm，管道模型长度 2500mm。流体介质为液态水，管道材质为不锈钢。计算分析热平衡状态时管道中温度分布情况。

3.4.2 创建几何

❖ 启动 Workbench，添加 Fluid Flow（Fluent）模块至流程窗口中。

❖ 右键单击 A2 单元格，单击弹出菜单项 New DesignModeler Geometry... 打开 DM 模块，如图 3-56 所示。

图 3-56 启动 DM 模块

❖ 选择 XYPlane，创建草图 sketch1，如图 3-57 所示绘制两个同心圆，直径分别为 13.5mm 及 18.5mm。

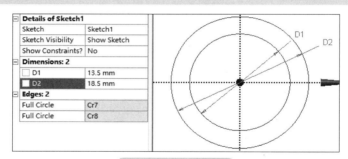

图 3-57 绘制草图

❖ 再次在 XYPlane 上创建草图 Sketch2，如图 3-58 所示绘制两个同心圆，直径分别为 45mm 及 50mm。

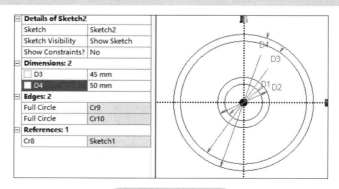

图 3-58 绘制草图

❖ 再次在 XYPlane 上创建草图 Sketch3，如图 3-59 所示绘制两个同心圆，直径分别为 70.5mm 及 75.5mm。

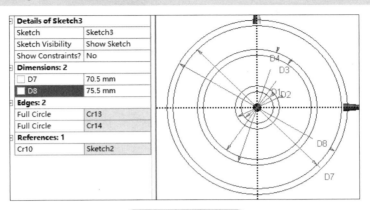

图 3-59 绘制草图

完成草图后的模型树节点如图 3-60 所示。

❖ 利用 Extrude 拉伸三个草图，拉伸长度 2500mm，如图 3-61 所示。

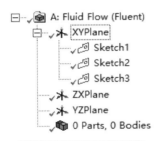

图 3-60 模型树节点

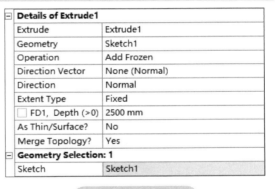

图 3-61 拉伸草图

❖ 单击工具栏按钮 Generate 生成几何体。

 注意：拉伸过程中选择 Operation 选项为 Add Frozen。

完成的几何如图 3-62 所示。

图 3-62 几何模型

❖ 利用菜单 Tools → Fill，设置窗口中选择 Extraction Type 为 By Cavity，选择 Faces 为最外层管道的内表面，如图 3-63 所示，单击工具栏按钮 Generate 生成几何。

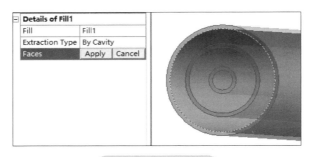

图 3-63　Fill 操作

❖ 选择菜单项 Create → Boolean，属性设置窗口中设置 Operation 为 Substract，并选择 Target Bodies 为前一步 Fill 所创建的几何，选择 Tool Bodies 为内部的两个管道，设置 Preserve Tool Bodies 为 Yes，单击工具栏按钮 Generate 生成几何，如图 3-64 所示。

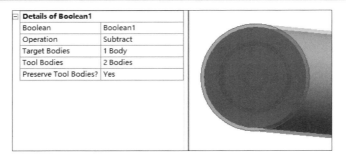

图 3-64　生成几何

最终创建流体区域几何如图 3-65 所示。

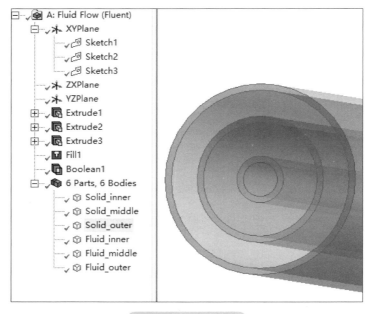

图 3-65　最终几何

❖ 模型树节点中选中所有几何体，单击鼠标右键，选择弹出菜单 Form New Part，如图 3-66 所示。

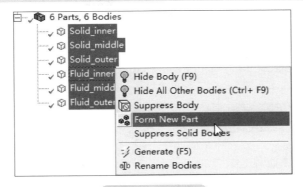

图 3-66 合并体

> **注**：将几何体合并后，在后续的网格生成过程中，能够保持交界面节点一致，而且交界面全部转化为内部面，不需要额外的 interface。

❖ 选择菜单 Tools → Symmetry，属性窗口中设置 Number of Planes 为 2，设置 Symmetry Plane 1 为 YZPlane，设置 Symmetry Plane 2 为 ZXPlane，单击 Generate 按钮重新生成几何，如图 3-67 所示。

Details of Symmetry1	
Symmetry	Symmetry1
Number of Planes	2
Symmetry Plane 1	YZPlane
Symmetry Plane 2	ZXPlane
Model Type	Full Model
Target Bodies	All Bodies
Export Symmetry	Yes

图 3-67 设置对称

最终几何模型如图 3-68 所示。

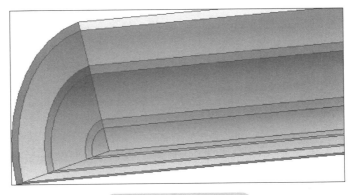

图 3-68 最终几何模型

❖ 关闭 DM 模块返回至 Workbench 工作界面。

3.4.3 划分网格

❖ 双击 A3 单元格进入 Mesh 模块。

❖ 右键单击模型树节点 Mesh，单击弹出菜单 Insert → Sizing，属性窗口中设置 Geometry 为所有几何体，设置 Element Size 为 5mm，如图 3-69 所示。

Scope	
Scoping Method	Geometry Selection
Geometry	6 Bodies
Definition	
Suppressed	No
Type	Element Size
☐ Element Size	5. mm
Advanced	
☐ Defeature Size	Default (0.62319 mm)
Size Function	Uniform
Behavior	Soft
☐ Growth Rate	Default (1.20)

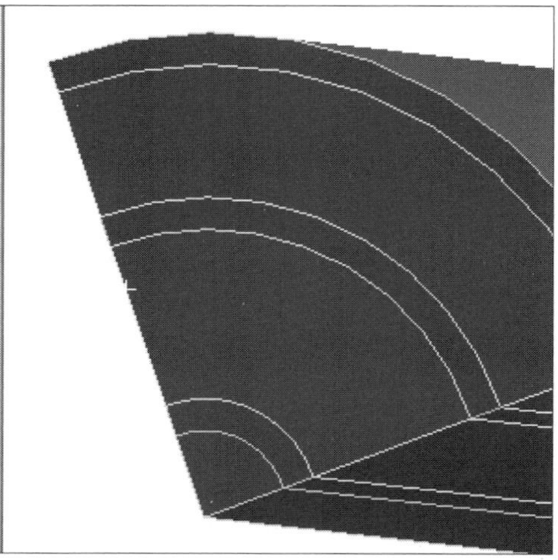

图 3-69　插入尺寸

❖ 右键单击模型树节点 Mesh，单击弹出菜单 Insert → Methods，属性窗口中设置 Geometry 为如图 3-68 所示的 5 个体，设置 Method 为 Sweep，如图 3-70 所示。

Scope	
Scoping Method	Geometry Selection
Geometry	5 Bodies
Definition	
Suppressed	No
Method	Sweep
Element Order	Use Global Setting
Src/Trg Selection	Automatic
Source	Program Controlled
Target	Program Controlled
Free Face Mesh Type	Quad/Tri
Type	Number of Divisions
☐ Sweep Num Divs	Default
Element Option	Solid
Constrain Boundary	No
Advanced	
Sweep Bias Type	No Bias

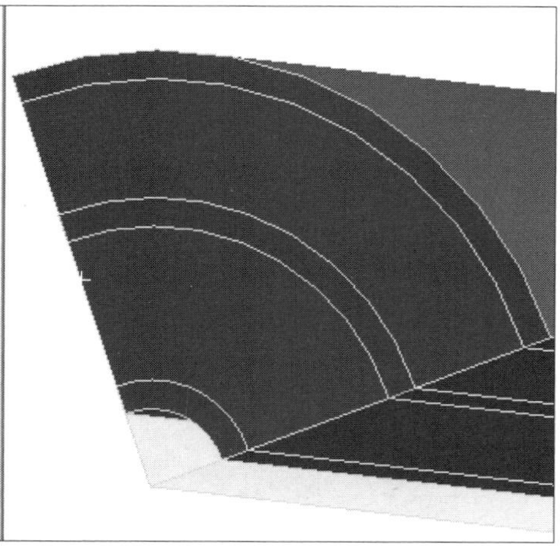

图 3-70　指定网格方法

❖ 右键单击模型树节点 Mesh，单击弹出菜单 Insert → Sizing，属性窗口中设置 Geometry 为如图 3-71 所示的 6 条几何边，设置 Type 为 Number of Divisions，设置 Number of Divisions 为 30，指定 Behavior 为 Hard，如图 3-71 所示。

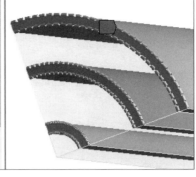

图 3-71 指定尺寸

❖ 右键单击模型树节点 Mesh，单击弹出菜单 Insert → Sizing，属性窗口中设置 Geometry 为如图 3-72 所示的 6 条几何边，设置 Type 为 Number of Divisions，设置 Number of Divisions 为 3，如图 3-72 所示。

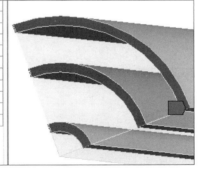

图 3-72 指定尺寸

❖ 右键单击模型树节点 Mesh，单击弹出菜单 Insert → Methods，属性窗口中设置 Geometry 为如图 3-73 所示的高亮几何体，设置 Method 为 Sweep，设置 Free Face Mesh Type 为 All Tri。

图 3-73 指定网格方法

❖ 右键单击模型树节点 Mesh，单击弹出菜单 Insert → Sizing，属性窗口中设置 Geometry 为如图 3-74 所示的 2 条几何边，设置 Type 为 Number of Divisions，设置 Number of Divisions 为 30，如图 3-74 所示。

Scope	
Scoping Method	Geometry Selection
Geometry	2 Edges
Definition	
Suppressed	No
Type	Number of Divisions
☐ Number of Divisions	30
Advanced	
Size Function	Uniform
Behavior	Soft
☐ Growth Rate	Default (1.20)
Bias Type	No Bias

图 3-74　指定尺寸

❖ 右键单击模型树节点 Mesh，单击弹出菜单 Insert → Sizing，属性窗口中设置 Geometry 为如图 3-75 所示的 4 条几何边，设置 Type 为 Number of Divisions，设置 Number of Divisions 为 10，如图 3-75 所示。

Scope	
Scoping Method	Geometry Selection
Geometry	4 Edges
Definition	
Suppressed	No
Type	Number of Divisions
☐ Number of Divisions	10
Advanced	
Size Function	Uniform
Behavior	Soft
☐ Growth Rate	Default (1.20)
Bias Type	No Bias

图 3-75　指定尺寸

❖ 右键单击模型树节点 Mesh，单击弹出菜单项 Generate Mesh 生成网格。最终生成的网格如图 3-76 所示。

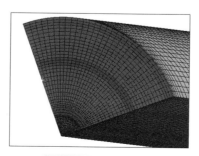

图 3-76　最终网格

❖ 边界命名 outer_inlet，如图 3-77 所示。

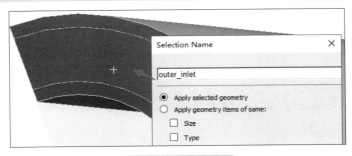

图 3-77 边界命名

❖ 边界命名 mid_outlet，如图 3-78 所示。

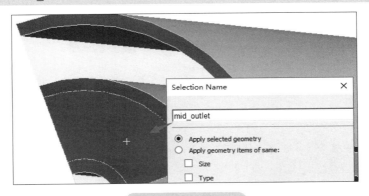

图 3-78 边界命名

❖ 边界命名 inner_inlet，如图 3-79 所示。

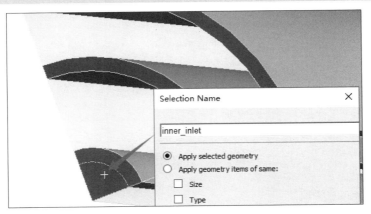

图 3-79 边界命名

❖ 在管道另一头依次命名 outer_outlet、mid_inlet 及 inner_outlet。

❖ 命名两侧边对称面 symmetry 1 及 symmetry 2。

❖ 选中模型树节点 Mesh，单击工具栏按钮 Update 更新网格。

❖ 关闭 Mesh 模块，返回至 Workbench 工作界面。

💡 **小技巧**：在 Mesh 模块中 Update 网格要比在 Workbench 界面中 Update 网格速度快得多。

3.4.4 Fluent 设置

❖ 双击 A4 单元格启动 Fluent，采用 Double Precision 模式。

Step 1：Models 设置

❖ 右键选择模型树节点 Models → Energy，单击弹出菜单项 On 开启能量方程，如图 3-80 所示。

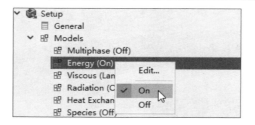

图 3-80　开启能量方程

❖ 右键选择模型树节点 Models → Viscous，选择弹出菜单 Models → Realizable k-epsilon 开启湍流模型，如图 3-81 所示。

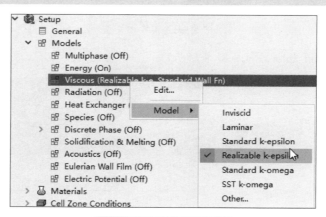

图 3-81　开启湍流模型

Step 2：Materials 设置

❖ 从材料库中添加流体材料 water-liquid 及固体材料 steel。

Step 3：Cell Zone Conditions

❖ 指定区域 part-fluid_inner、part-fluid_middle、part-fluid_outer 的材料为 water-liquid。
❖ 指定区域 part-solid_inner、part-solid_middle、part-solid_outer 的材料为 steel。

Step 4: Boundary Conditions

❖ 双击模型树节点 Boundary → inner_inlet，弹出边界条件设置对话框。

❖ 设置 Velocity 为 1m/s，如图 3-82 所示。

❖ 切换至 Thermal 标签页，设置 Temperature 为 283K。

❖ 单击 OK 按钮关闭对话框。

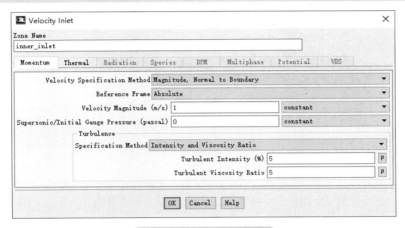

图 3-82　设置边界条件

❖ 采用相同方式设置边界 mid_inlet 的速度为 0.5m/s，Temperature 为 343K。

❖ 设置边界 outer_inlet 的速度为 0.1m/s，Temperature 为 271K。

❖ 设置 wall-part-solid_inner、wall-part-solid_middle、wall-part-solid_outer 边界材料为 steel。

其他参数保持默认设置。

Step 5: Methods 设置

❖ 双击模型树节点 Solution → Methods，右侧面板按如图 3-83 所示进行设置。

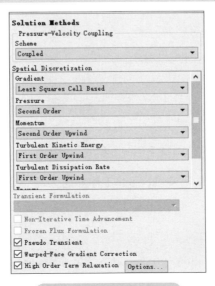

图 3-83　设置求解方法

Step 6: 初始化

❖ 右键单击模型树节点 Initialization，单击弹出菜单项 Initialize 进行初始化，如图 3-84 所示。

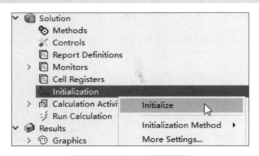

图 3-84   初始化计算

Step 7: 计算

❖ 双击模型树节点 Run Calculation，右侧面板设置 Number of Iterations 为 1000，单击 按钮 Calculate 进行计算，如图 3-85 所示。

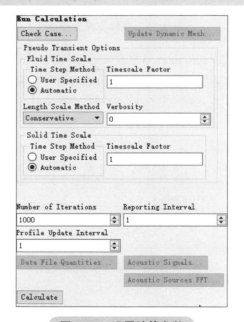

图 3-85   设置计算参数

计算完毕后关闭 Fluent 返回至 Workbench 工作界面。

3.4.5   计算后处理

❖ 双击 A6 单元格进入 CFD-Post 模块。

❖ 选择菜单 Insert → Location → Plane 插入 XY 平面，分别创建 z 坐标为 0.5m、0.75m、 1m、1.25m、1.5m、1.75 m 的平面，查看平面上温度分布，如图 3-86 所示。

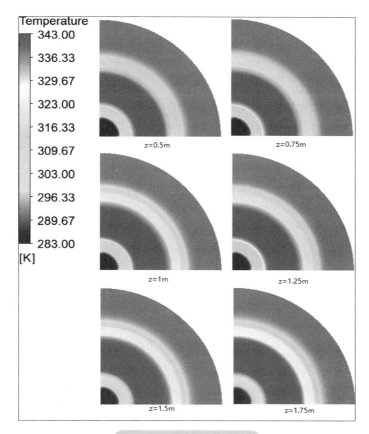

图 3-86 截面温度分布

3.5 【实例 5】散热器

本实例演示 Fluent 中的 Heat Exchanger 模型。

3.5.1 实例描述

本实例利用 Heat Exchanger 模块模拟如图 3-87 所示的单程换热器换热。

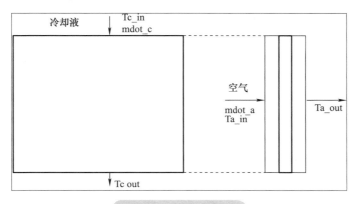

图 3-87 模型示意图

流动参数见表 3-2。

表 3-2　计算参数

边界参数	参数值
空气入口温度（Ta_in）	48.89 ℃
冷却液入口温度 (Tc_in)	115.56 ℃
空气质量流量 (mdot_a)	1.140 kg/s
冷却液质量流量 (mdot_c)	2.87 kg/s
总散热量	57345.96 W

利用输入边界条件计算得到总散热量，并与 57345.96W 进行对比，以验证模型。

3.5.2　Fluent 设置

Step 1: 启动 Fluent

❖ 启动 Fluent，激活选项 Double Precision。

❖ 选择 3D 模式，单击 OK 按钮启动 Fluent，如图 3-88 所示。

Step 2: 读取网格

❖ 利用菜单 File → Read → Mesh... 打开文件选择对话框，选择网格文件 ex3-5\wedge. msh。

计算网格如图 3-89 所示。

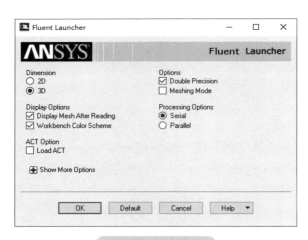

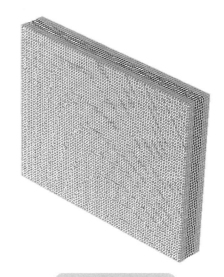

图 3-88　计算参数

图 3-89　计算网格

Step 3: 缩放网格

❖ 双击模型树节点 General，单击右侧面板按钮 Scale...，弹出模型缩放对话框，如图 3-90 所示。

❖ 设置 Mesh Was Created In 选项为 mm，单击 Scale 按钮缩放网格。

❖ 单击 Close 按钮关闭对话框。

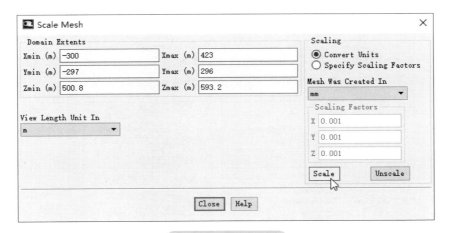

图 3-90 缩放模型

Step 4：Models 设置

❖ 右键选择模型树节点 Models → Energy，单击弹出菜单项 On 激活能量方程，如图 3-91 所示。

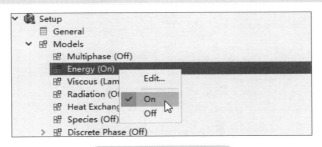

图 3-91 激活能量方程

❖ 双击模型树节点 Models → Heat Exchanger，弹出 Heat Exchanger Model 参数设置对话框，激活选项 Ungrouped Macro Model 及 Macro Model Group，如图 3-92 所示。

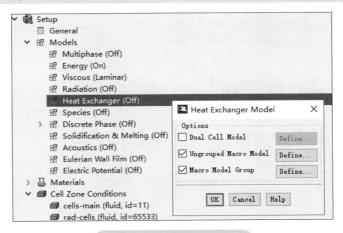

图 3-92 激活换热器模型

❖ 单击 Ungrouped Macro Model 选项后方的 Define... 按钮, 弹出参数设置对话框, 如图 3-93 所示。

❖ 打开 Model Data 标签页, 激活选项 Fixed Inlet Temperature, 设置 Auxiliary Fluid Temperature 为 115.56℃, 设置 Primary Fluid Temperature 为 48.89001℃。

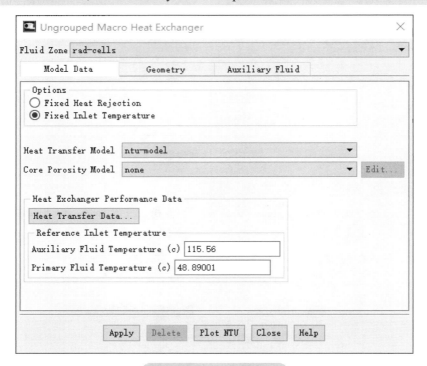

图 3-93 设置模型参数

❖ 单击图 3-93 中按钮 Heat Transfer Data... 弹出换热参数设置对话框, 如图 3-94 所示, 单击按钮 Read..., 在弹出的文件选择对话框中选择文件 ex3-5\rad.tab。

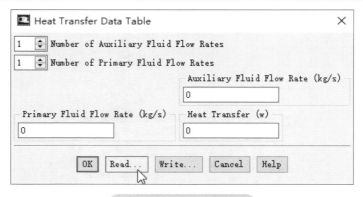

图 3-94 设置换热参数

软件读入文件后自动显示文件内容, 如图 3-95 所示, 对应着主流体及副流体质量流量条件下的换热量矩阵。单击 OK 按钮关闭对话框返回至 Heat Exchanger Model 参数设置对话框。

❖ 切换至 Geometry 标签页，如图 3-96 所示，设置 Number of Passes 为 1，设置 Number of Rows/Pass 为 1，设置 Number of Columns/Pass 为 1。

❖ 设置 Auxiliary Fluid Inlet Direction(height) 为 (0−10)。

❖ 设置 Pass-to-Pass Direction(width) 为 (1 0 0)。

❖ 单击 Apply 按钮确认设置，单击 OK 按钮关闭对话框。

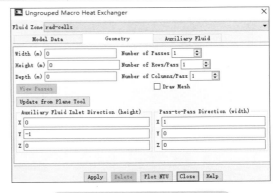

图 3-95 换热参数表　　　　图 3-96 换热器几何参数设置

❖ 如图 3-97 所示，切换到 Auxiliary Fluid 标签页，设置 Auxiliary Fluid Specific Heat 为 3559 J/（kg·K）。

❖ 设置 Auxiliary Fluid Flow Rate (kg/s) 为 2.87。

❖ 设置 Inlet Temperature (c) 为 115.56 ℃。

❖ 单击 Apply 按钮并关闭 Ungrouped Macro Heat Exchanger 对话框。

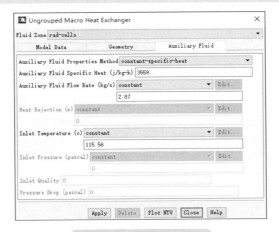

图 3-97 设置流体参数

Step 5： Boundary Conditions

❖ 双击模型树节点 Boundary Conditions → inlet，弹出质量流量入口设置对话框，如图 3-98 所示。

❖ 设置 Mass Flow Rate 为 1.14 kg/s，设置 Direction Specification Method 为 Normal to Boundary。

❖ 单击 OK 按钮关闭对话框。

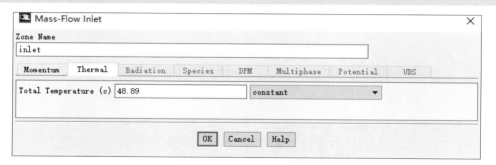

图 3-98　设置入口流量

💡 **注意：**一般情况下不可压缩流动计算，速度入口要比流量入口用得更多。

❖ 切换至 Thermal 标签页，如图 3-99 所示，设置 Total Temperature 为 48.89 ℃，单击 OK 按钮关闭对话框。

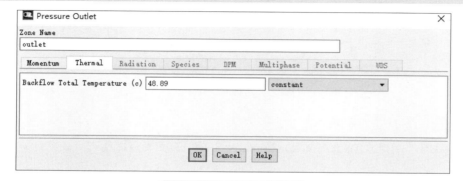

图 3-99　设置入口温度

❖ 双击模型树节点 Boundary Conditions → outlet，弹出出口条件设置对话框。
❖ 切换至 Thermal 标签页，如图 3-100 所示，设置 Backflow Total Temperature 为 48.89℃。
❖ 单击 OK 按钮关闭对话框。

```
┌──────────────────────────────────────────────────────────┐
│ ▣ Pressure Outlet                                      ✕  │
│ Zone Name                                                  │
│ ┌────────────────────────────────────────────────────┐   │
│ │ outlet                                               │   │
│ └────────────────────────────────────────────────────┘   │
│ Momentum  Thermal  Radiation  Species  DPM  Multiphase  Potential  UDS │
│ Backflow Total Temperature (c) │48.89│      constant      ▼ │
│                                                            │
│                   OK   Cancel   Help                       │
└──────────────────────────────────────────────────────────┘
```

图 3-100　设置出口温度

Step 6: Methods

❖ 双击模型树节点 Solution → Methods，右侧面板中设置 Scheme 为 Coupled，如图 3-101 所示。

❖ 激活选项 Warped-Face Gradient Correction 及 High Order Term Relaxation。

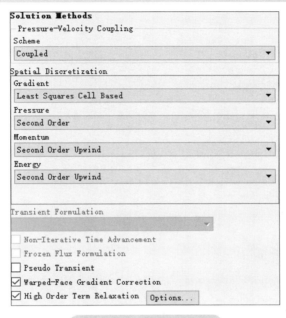

图 3-101 设置计算参数

Step 7: Controls 设置

❖ 双击模型树节点 Solution → Controls，右侧面板中设置 Flow Courant Number 为 50，如图 3-102 所示。

❖ 修改 Energy 亚松弛因子为 0.8。

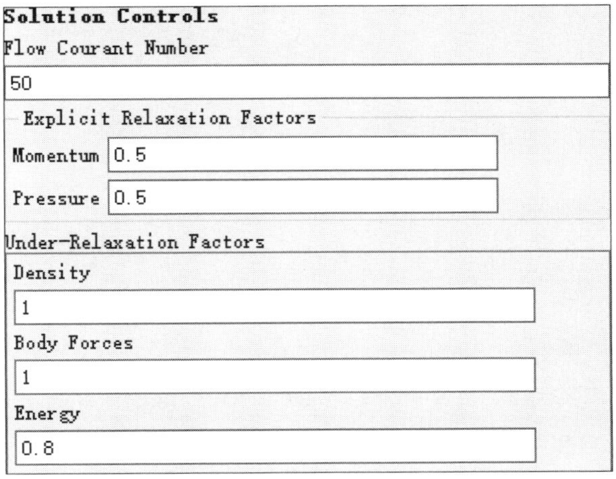

```
Solution Controls
Flow Courant Number
50
  Explicit Relaxation Factors
Momentum  0.5
Pressure  0.5
Under-Relaxation Factors
Density
1
Body Forces
1
Energy
0.8
```

图 3-102 设置计算控制参数

Step 8: Initialization

❖ 右键选择模型树节点 Solution → Initialization，单击弹出菜单项 Initialize 初始化，如图 3-103 所示。

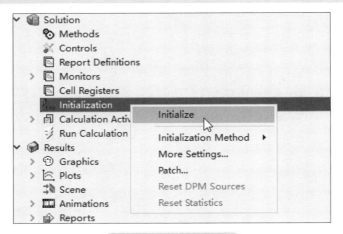

图 3-103　初始化计算

Step 9: Run Calculation

❖ 双击模型树节点 Run Calculation，右侧面板中设置 Number of Iterations 为 200。

❖ 单击按钮 Calculation 进行计算，如图 3-104 所示。

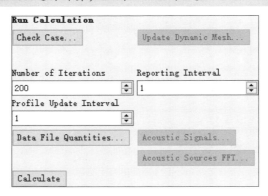

图 3-104　设置迭代次数

大约 35 步迭代后计算收敛。

3.5.3　计算后处理

Step 1: 统计总散热量

❖ 双击模型树节点 Results → Reports → Heat Exchanger，弹出换热器数据统计对话框，选择 Option 选项为 Computed Heat Rejection，选择 Heat Exchanger 列表项 rad-cells，单击 Compute 按钮进行计算。

❖ 如图 3-105 所示，计算得到的散热量为 57343.12W。

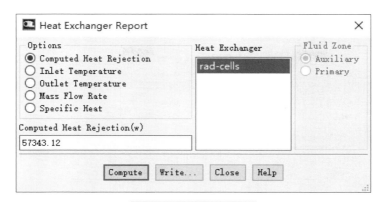

图 3-105 统计换热量

Step 2: 计算出口平均温度

❖ 双击模型树节点 Results → Reports → Surface Integrals，弹出设置对话框。

❖ 设置 Report Type 为 Area-Weighted Average，设置 Field Variable 为 Temperature...。

❖ 选中 Surface 列表项 outlet。

❖ 单击 Compute 按钮进行计算。

如图 3-106 所示，出口平均温度为 372.0195K。

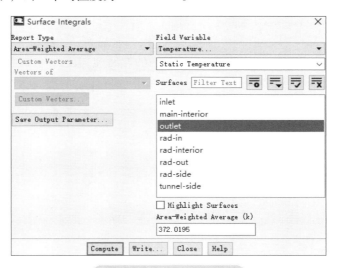

图 3-106 统计出口温度

3.5.4 修改模型

前面计算的换热器是单个换热单元，这里修改换热单元数量。

❖ 双击模型树节点 Models → Heat Exchanger 打开模型设置对话框。

❖ 单击 Ungrouped Macro Model 后方的 Define... 按钮打开参数设置对话框。

❖ 如图 3-107 所示，设置 Number of Passes 为 60，设置 Number of Column/Pass 为 70。

❖ 单击 Apply 按钮并关闭对话框。

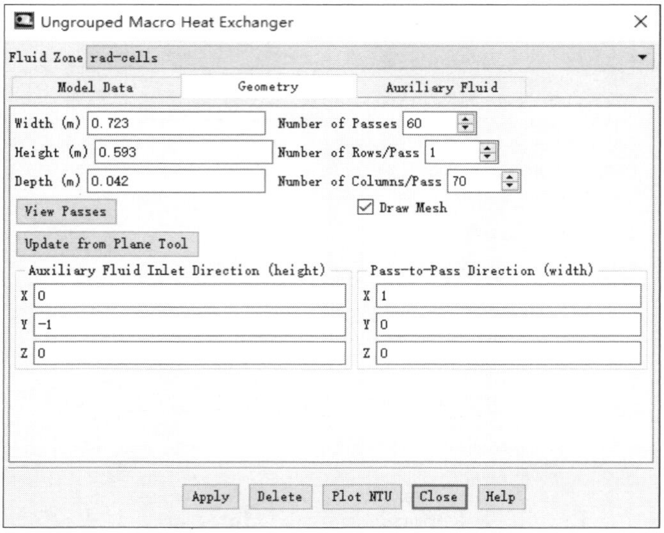

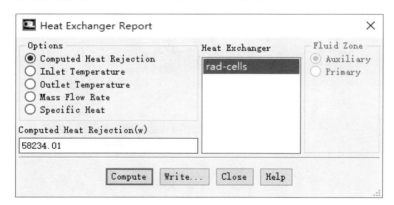

图 3-107 修改几何参数

❖ 双击模型树节点 Run Calculation，右侧面板中单击 Calculate 按钮进行计算。
计算完毕后统计散热量为 58234.01W，如图 3-108 所示。

图 3-108 统计散热量

3.5.5 总结

1）Fluent 中的 Heat Exchanger 模型非常复杂，不过相比较换热器真实建模来讲要简单。

2）Heat Exchanger 模型需要输入大量的实验数据，否则计算误差非常大。

3）Dual Cell Model 模型可用于构建更为复杂的换热器，不过模型也更加的复杂。

3.6 【实例6】热辐射

3.6.1 简介

本实例利用 Fluent 中的 DO 辐射模型计算汽车头大灯内的辐射及自然对流现象。

涉及的内容包括：

1）在 ANSYS Fluent 中读取现有的网格文件。

2）设置 DO 辐射模型。

3）设置材料属性和边界条件。

4）求解能量和流动方程。

5）初始化并计算求解。

6）后处理结果数据。

3.6.2 实例描述

如图 3-109 所示为汽车前大灯结构。其中灯泡功率为 40W，通过辐射及自然对流与外界交换热量。灯泡由玻璃制成，透镜、外壳和反光镜则由聚碳酸酯制成。

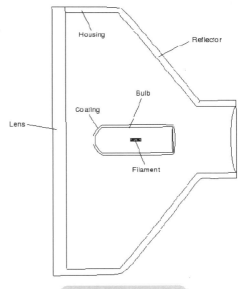

图 3-109 几何模型

3.6.3 Fluent 设置

Step 1： 启动 Fluent 并读取网格

❖ 以 Double Precision 方式启动 Fluent。

❖ 单击菜单项 File → Read → Mesh… 读取网格文件 head-lamp.msh.gz。

查看网格如图 3-110 所示。

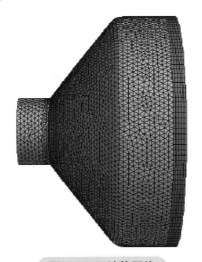

图 3-110 计算网格

Step 2： 缩放网格

❖ 双击模型树节点 General，单击右侧额面板按钮 Scale…，弹出网格缩放对话框如图 3-111 所示。

❖ 设置 Mesh Was Created In 为 mm，单击 Scale 按钮进行网格缩放。

❖ 单击 Close 按钮关闭对话框。

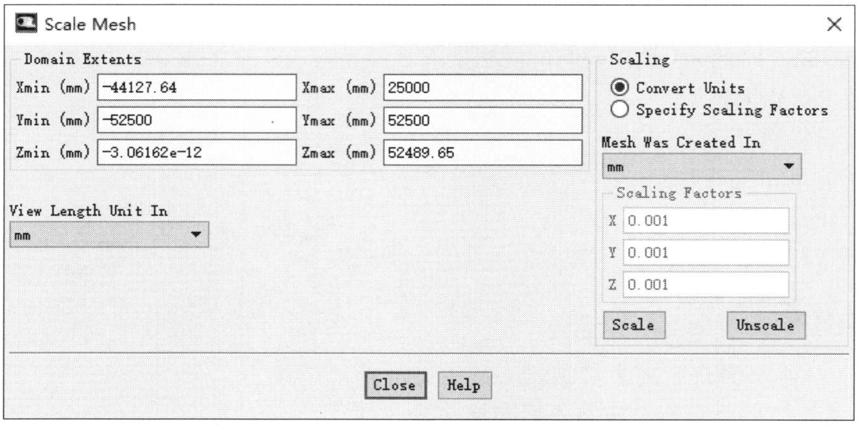

图 3-111　缩放网格

Step 3：Models 设置

启动 DO 辐射模型。

❖ 双击模型树节点 Models → Radiation，弹出辐射模型设置对话框如图 3-112 所示。

❖ 选择 Model 为 Discrete Ordinates。

❖ 设置 Energy Iteration per Radiation Iteration 为 1。

❖ 设置 Angular Discretization 下的 Theta Divisions 及 Phi Divisions 均为 3。

❖ 设置 Theta Pixels 及 Phi Pixels 均为 6。

❖ 单击 OK 按钮关闭对话框。

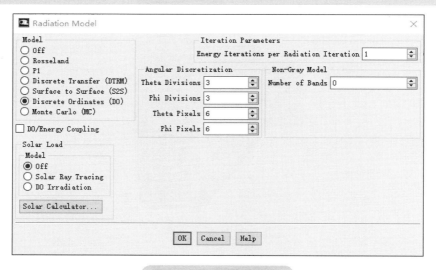

图 3-112　设置辐射模型

💡 **注意**：对于存在半透明介质的辐射问题，通常设置 Theta Divisions 及 Phi Divisions 不小于 3，然而该参数值越大，计算量越大。

Step 4：Materials

❖ 右键选择模型树节点 Materials → Solid，单击弹出菜单项 New... 新建材料，如图 3-113 所示。

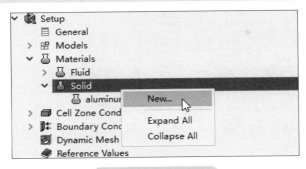

图 3-113　新建材料

❖ 按如图 3-114 所示定义材料 glass。

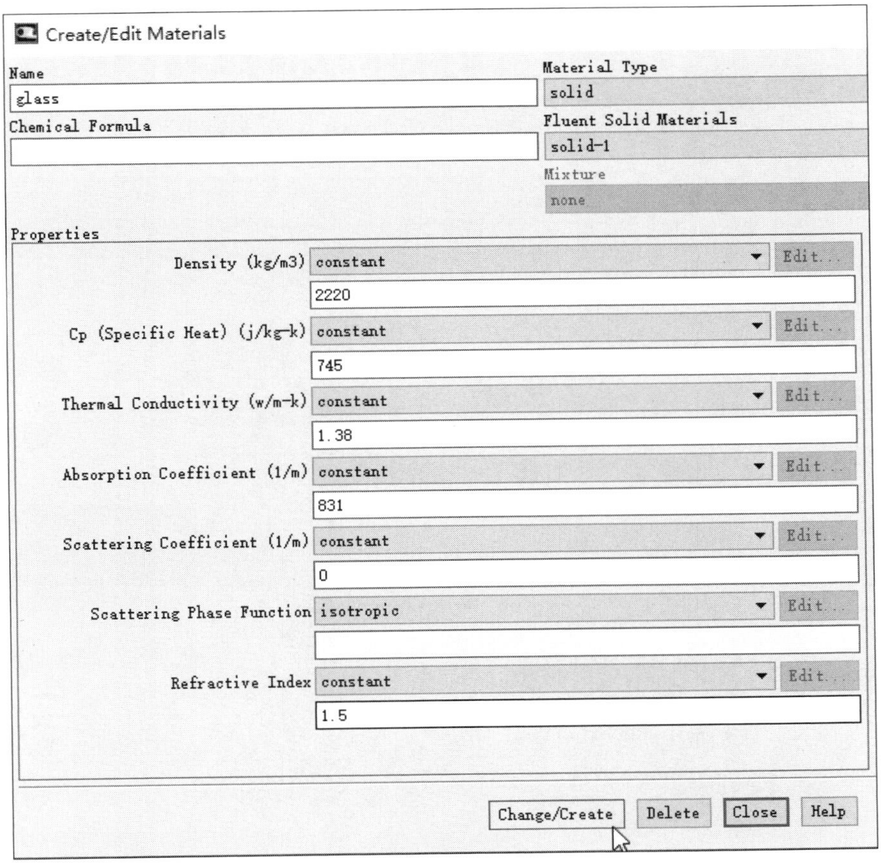

图 3-114　材料属性

采用相同方式定义其他材料，见表 3-3。

表 3-3　固体材料参数

参数	Polycarbonate	coating	socket
Density	1200	2000	2719
Cp	1250	400	871
Thermal Conductivity	0.3	0.5	0.7
Absorption Coefficient	930	0	0
Scattering Coefficient	0	0	0
Refractive Index	1.57	1	1

❖ 双击模型树节点 Materials → Fluid → air，弹出属性修改对话框如图 3-115 所示。

❖ 修改 Density 为 incompressible-ideal-gas，设置 Thermal Conductivity 为 polynomial。

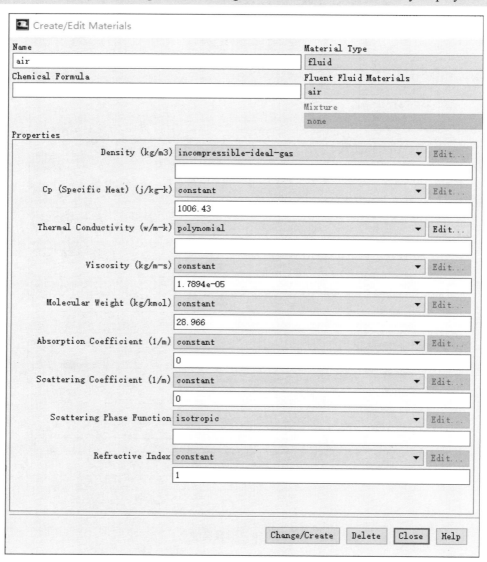

图 3-115　修改空气属性

❖ 设置 Thermal Conductivity 为 polynomial，单击后方的 Edit 按钮编辑参数，如图 3-116 所示。

❖ 设置 Coefficients 为 4，分别设置系数为 −2.0004e−03，1.1163e−04，−6.3191e−08，2.1207e−11。

❖ 单击 OK 按钮关闭对话框。

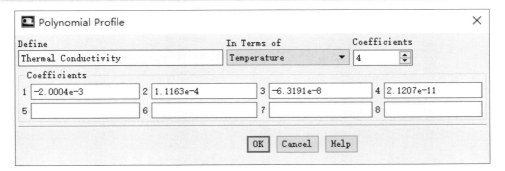

图 3-116　定义导热率

❖ 单击按钮 Change/Create 修改参数。

> 提示：由于计算域中温度范围很宽，从 350~2800K，在如此宽的温度范围内，空气的热传导系数不应该是一个常数。这里将热传导系数定义为温度的多项式函数。

Step 5：Cell Zone Conditions

为区域指定材料。

❖ 双击模型树节点 Cell Zone Conditions，如图 3-117 所示，右侧面板列表框中显示了所有计算域。

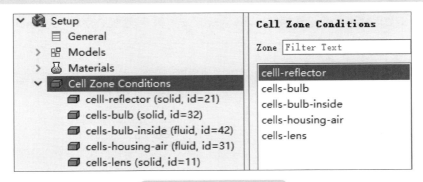

图 3-117　计算区域列表

❖ 双击列表项 cell-reflector，弹出区域设置对话框，如图 3-118 所示，设置选项 Material Name 为 polycarbonate，激活选项 Participates In Radiation，单击 OK 按钮关闭对话框。

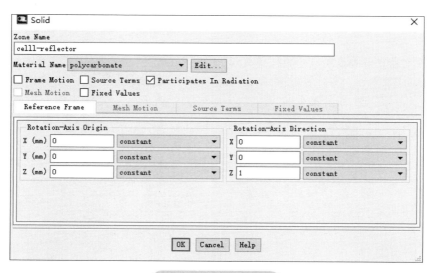

图 3-118　更改材料

采用相同方式设置其他计算域材料，见表 3-4。

表 3-4　计算域材料

计算域	材料
cell-bulb	glass
cells-housing-air	air
cells-lens	polycarbonate
cells-bulb-inside	air

Step 6: Operating Conditions

❖ 双击模型树节点 Cells Zone Conditions，单击右侧面板中按钮 Operating Conditions…，弹出操作添加设置对话框。

❖ 如图 3-119 所示，激活选项 Gravity，设置重力加速度为 Y 方向 $-9.81\mathrm{m/s}^2$。

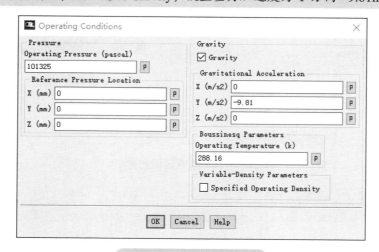

图 3-119　设置操作条件

注意：本实例流体介质密度定义为温度的函数（不可压缩理想气体），因此需要指定沿重力加速度方向体积力项参考密度。若不指定参考密度，系统会利用计算域平均密度作为参考密度。

Step 7：Boundary Conditions

1. 设置边界 lens-inner

❖ 双击模型树节点 Boundary Conditions，之后双击右侧面板边界列表项 lens-inner，弹出边界设置对话框，如图 3-120 所示。

❖ 切换至 Radiation 标签页，设置 BC Type 为 semi-transparent，设置 Diffuse Fraction 为 0.05，单击 OK 按钮关闭对话框。

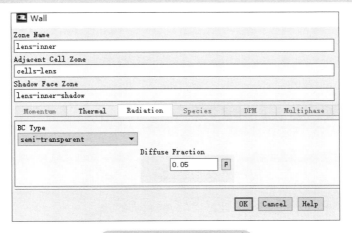

图 3-120 设置辐射条件

2. 设置边界 lens-inner-shadow

❖ 采用相同方式设置边界 lens-inner-shadow 的 BC Type 为 semi-transparent，Diffuse Fraction 为 0.05，如图 3-121 所示。

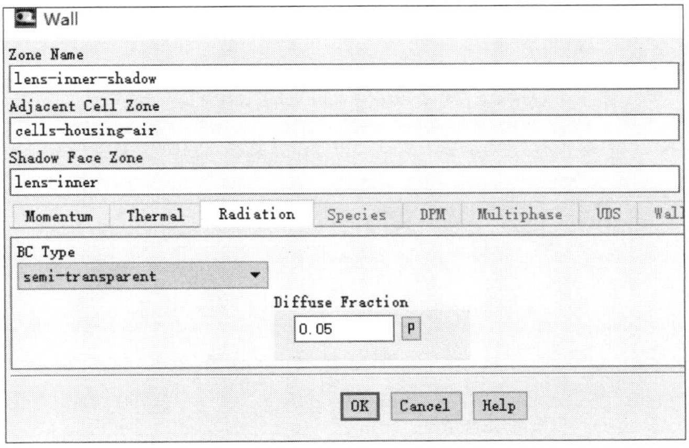

图 3-121 设置辐射条件

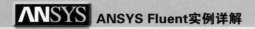

3. 设置边界 lens-outer

❖ 设置边界 lens-outer，其 Thermal 标签页进行如图 3-122 所示设置。

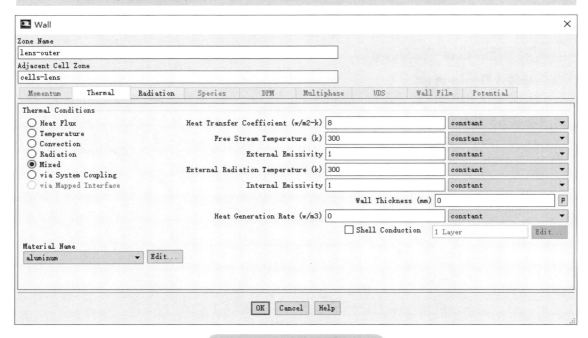

图 3-122　设置边界温度条件

❖ 切换至 Radiation 标签页，按图 3-123 所示设置。

图 3-123　设置辐射条件

4. 设置边界 bulb-outer

❖ 双击列表项 bulb-outer，弹出边界设置对话框，切换至 Radiation 标签页。

❖ 设置 BC Type 为 semi-transparent，设置 Diffuse Fraction 为 0.05，单击 OK 按钮关闭对话框。

5. 设置边界 bulb-outer-shadow

❖ 双击列表项 bulb-outer-shadow，弹出边界设置对话框，切换至 Radiation 标签页。

❖ 设置 BC Type 为 semi-transparent，设置 Diffuse Fraction 为 0.05，单击 OK 按钮关闭对话框。

6. 设置边界 bulb-inner

❖ 双击列表项 bulb-inner，弹出边界设置对话框，切换至 Radiation 标签页。

❖ 设置 BC Type 为 semi-transparent，设置 Diffuse Fraction 为 0.05，单击 OK 按钮关闭对话框。

7. 设置边界 bulb-inner-shadow

❖ 双击列表项 bulb-inner-shadow，弹出边界设置对话框，切换至 Radiation 标签页。

❖ 设置 BC Type 为 semi-transparent，设置 Diffuse Fraction 为 0.05，单击 OK 按钮关闭对话框。

8. 设置边界 bulb-coatings

❖ 双击列表项 bulb-coatings，弹出边界设置对话框，切换至 Thermal 标签页。

❖ 如图 3-124 所示，设置 Materials Name 为 coating。

❖ 设置 Wall Thickness 为 0.1 mm。

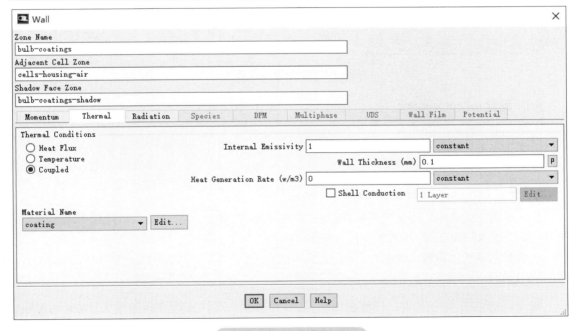

图 3-124 设置边界条件

9. 设置边界 reflector-outer

❖ 双击列表项 reflector-outer，在弹出的对话框中切换至 Thermal 标签页，如图 3-125 所示。

❖ 设置 Thermal Conditions 为 Mixed。

❖ 设置 Heat Transfer Coefficient 为 7W/（$m^2 \cdot K$）。

❖ 设置 Free Stream Temperature 为 7K。

❖ 设置 External Emissivity 为 0.95。

❖ 设置 External Radiation Temperature 为 300K。

其他参数保持默认设置。

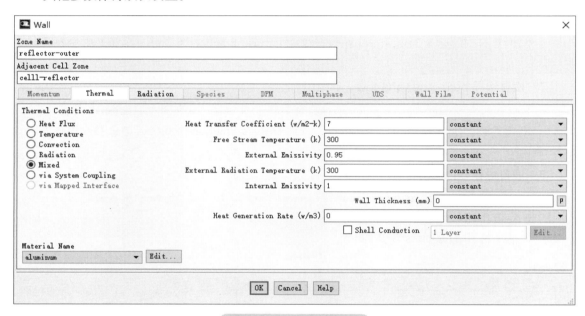

图 3-125   设置边界条件

10. 设置 reflector-inner

❖ 设置 Thermal 标签页下参数 Internal Emissivity 为 0.2。

❖ 设置 Radiation 标签页下参数 Diffuse Fraction 为 0.3。

❖ 其他参数保持默认设置。

11. 设置 reflector-inner-shadow

❖ 设置 Thermal 标签页下参数 Internal Emissivity 为 0.2。

❖ 设置 Radiation 标签页下参数 Diffuse Fraction 为 0.3。

❖ 其他参数保持默认设置。

12. 设置边界 filament

假设灯泡电功率为 40W，灯泡表面积 6.9413e-6m^2，可计算得到热通量为 5760000W/m^2，如图 3-126 所示。

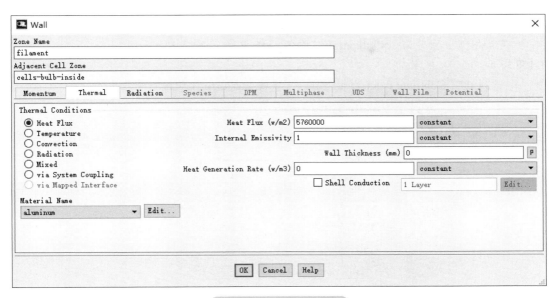

图 3-126 设置热通量

Step 8: Solution

- ❖ 双击模型树节点 Methods，右侧面板中设置 Scheme 为 Coupled，如图 3-127 所示。
- ❖ 设置 Pressure 为 Body Force Weighted。
- ❖ 激活选项 Warped-Face Gradient Correction 及 High Order Term Relaxation。

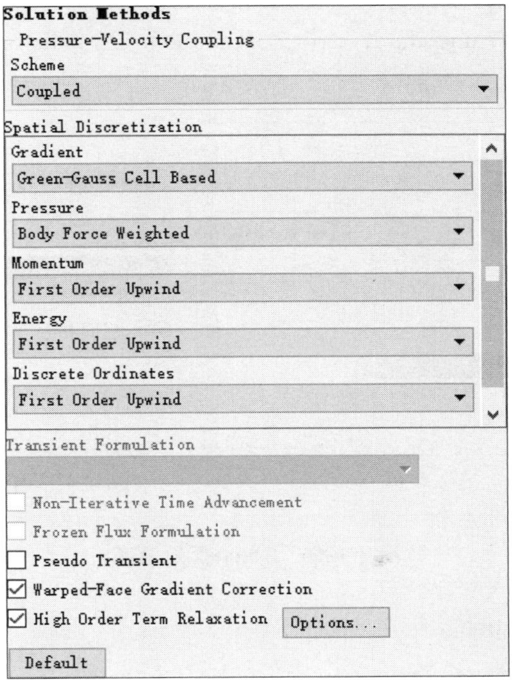

图 3-127 设置求解算法

Step 9: Initialization

❖ 双击模型树节点 Initialization，右侧面板中激活选项 Standard Initialization，如图 3-128 所示。

❖ 选择选项 Compute from 为 all-zones，单击 Initialize 按钮进行初始化。

图 3-128　初始化计算

❖ 单击 Patch 按钮，弹出设置对话框，如图 3-129 所示。

❖ 选择 Variable 为 Temperature，选择 Zones to Patch 为 cells-bulb-inside，设置 Value 为 500K，单击 Patch 按钮进行初始化。

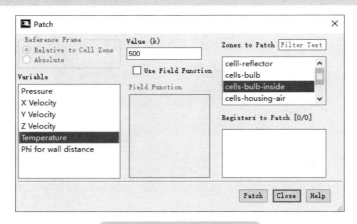

图 3-129　Patch 区域温度

Step 10: Run Calculation

❖ 双击模型树节点 Run Calculation。

❖ 右侧面板设置参数 Number of Iterations 为 500。

❖ 单击 Calculate 按钮进行计算。

3.6.4 计算结果

❖ 双击模型树节点 Results → Contours，在弹出对话框中选择查看对称面上温度分布，如图 3-130 所示。

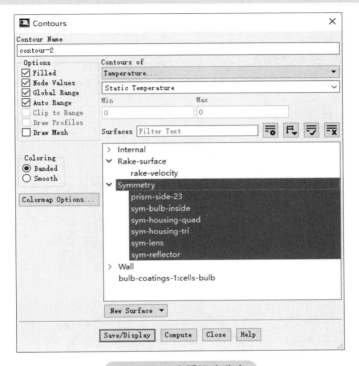

图 3-130 查看温度分布

对称面温度分布图 3-131 所示。

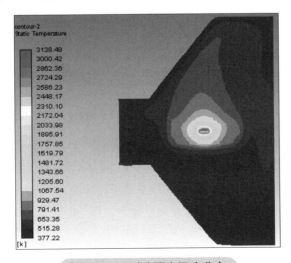

图 3-131 对称面上温度分布

第4章 4

运动部件计算

4.1 【实例1】垂直轴风力机

本实例利用 Fluent 中的多参考系模型（Multiple Frame of Reference，MRF）计算垂直轴风力机流场。

4.1.1 问题描述

考虑如图 4-1 所示的垂直轴风力机（VAWT），其旋转直径为 12cm，安装有 3 个等距叶片，每个叶片弦长为 2cm，正常工作时叶片旋转速度为 40RPM，假设空气流速为 10m/s。

> 💡 **注意**：本实例假设 VAWT 以均匀速度旋转，实际上真实情况并非如此。在实际工程中，风力机叶片转动是由于空气流动而引起，且旋转速度并非均匀。若要计算风力机叶片受空气流动而旋转，则需要利用到动网格及 6DOF 模型，本实例并不涉及此内容。

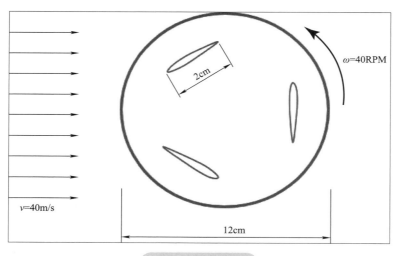

图 4-1 计算模型

4.1.2 几何与网格

本实例的几何与网格采用外部导入的方式加载。

❖ 启动 Workbench，添加模块 Fluid Flow（Fluent）。

❖ 如图 4-2 所示，右键单击 A3 单元格，选择菜单项 Import Mesh File... → Browse...，在弹出的文件选择对话框中选择网格文件 ex4-1\vawt.msh。

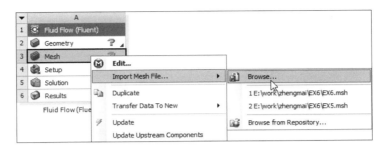

图4-2 导入网格

❖ 双击 Setup 单元格以 Double Precision 模式启动 Fluent。

4.1.3 Fluent 设置

Step 1: 创建 interface

实例网格中包含了 5 个区域，且区域之间的网格节点并不对应，因此需要创建 interface。

❖ 右键选择模型树节点 Boundary Conditions → blade_bot_in，选择菜单项 Type → interface，将该边界类型修改为 interface，如图4-3所示。

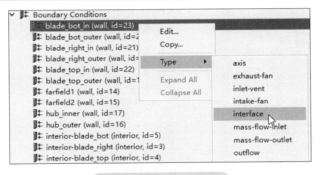

图4-3 修改边界类型

❖ 采用相同方式修改 blade_bot_in、blade_bot_outer、blade_right_in、blade_right_outer、blade_top_in、blade_top_outer、hub_inner、hub_outer 的类型为 interface，如图4-4所示。

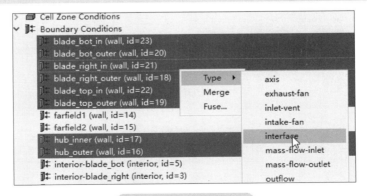

图4-4 修改边界类型

修改完毕后边界列表如图 4-5 所示。

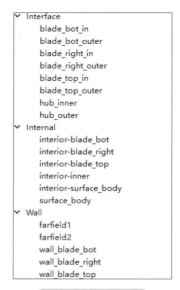

❖ 双击模型树节点 Mesh Interfaces，单击弹出设置对话框中的 Manual Create... 按钮弹出 Interface 创建对话框。

❖ 如图 4-6 所示，设置 Mesh Interface 为 blade_bot，选择 Interface Zone Side 1 为 blade_bot_in，选择 Interface Zone Side 2 为 blade_bot_outer，单击 Create/Edit... 按钮创建交界面。

图 4-6　创建 interface 对

采用相同方式创建另外 3 个交界面，见表 4-1。

表 4-1　Interface 配对

Mesh Interface	Interface Zone 1	Interface Zone 2
blade_bot	blade_bot_in	blade_bot_outer
blade_right	blade_right_in	blade_right_outer
blade_top	blade_top_in	blade_top_outer
Hub	hub_inner	hub_outer

 注意： 确保选择的配对边界无误。

Step 2: General 设置

修改角速度单位为 RPM。

❖ 双击模型树节点 General，单击右侧面板按钮 Units...。
❖ 在弹出的 Set Units 对话框中选择 angular-velocity，设置 units 为 rpm，如图 4-7 所示。
❖ 单击 Close 按钮关闭对话框。

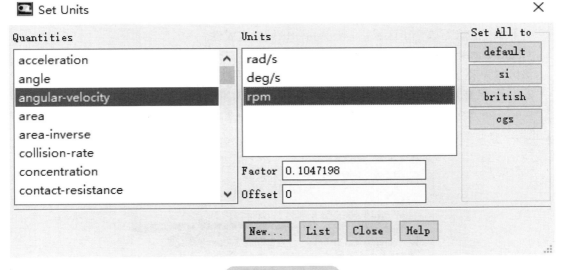

图 4-7　修改单位

Step 3: Models 设置

选择 Realizable k-epsilon 湍流模型。

❖ 右键选择模型树节点 Models → Viscous，选择菜单项 Model → Realizable k-epsilon 启用湍流模型，如图 4-8 所示。

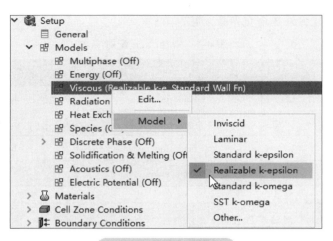

图 4-8　选择湍流模型

> 💡 **提示**：对于强旋转问题，也可以选择 RNG k-epsilon 模型。

Step 4: Materials 设置

采用 air 默认属性。设置密度为 1.225kg/m³，黏度为 1.7894e−5kg/(m·s)。

Step 5: Cell Zone Conditions

计算域中包含有 5 个子区域，需要为每个区域指定属性。

1.fluid-surface-body 区域

该区域为最外围区域，静止区域，介质为 air，采用默认参数即可。

2.inner 区域

❖ 如图 4-9 所示，右键选择模型树节点 Cell Zone Conditions → inner，单击弹出菜单项 Edit...，打开 Fluid 对话框，如图 4-10 所示。

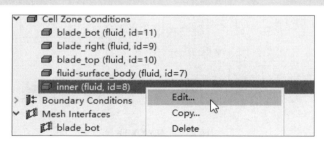

图 4-9　编辑计算域

❖ 弹出的菜单项中设置 Material Name 为 air。

❖ 激活选项 Frame Motion。

❖ 设置 Relative to Cell Zone 为 absolute。

❖ 设置 Speed 为 40rpm。

❖ 单击 OK 按钮关闭对话框。

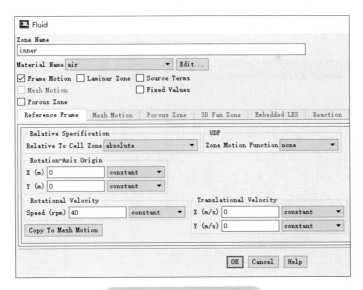

图4-10　设置计算域属性

3.blade_top 区域

❖ 打开 blade_top 区域设置对话框，如图 4-11 所示。

❖ 激活选项 Frame Motion，设置 Relative To Cell Zone 为 inner。

❖ 设置 Rotation-Axis Origin 为（−0.02 0.034641）。

❖ 设置 Speed 为 0 rpm。

❖ 单击 OK 按钮关闭对话框。

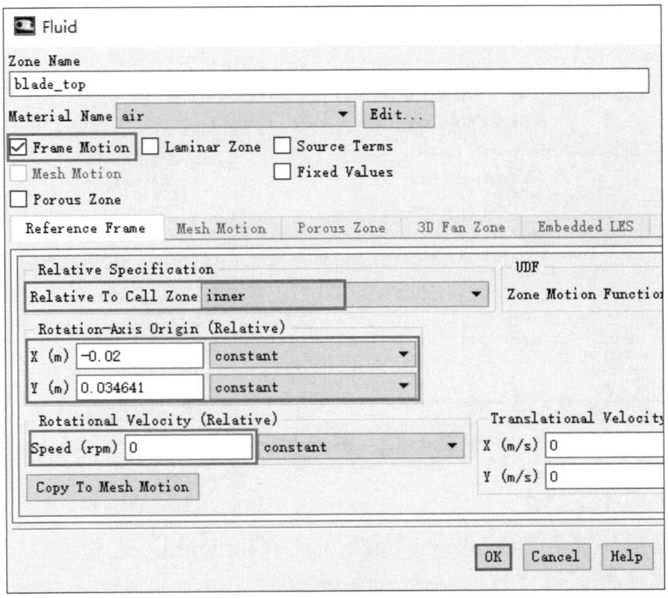

图4-11　设置计算域属性

❖ 采用相同的方式设置另外两个计算区域 blade_bot 及 blade_right，按表 4-2 中所列的参数设置。

表 4-2　边界属性

Zone name	Centroid (X,Y)	Angular velocity (RPM)
blade_top	(−0.02, 0.034641)	0
blade_bot	(−0.02, −0.034641)	0
blade_right	(0.04, 0)	0

> 提示：可以利用 copy... 进行区域参数复制。如果是手动设置的话，不要忘记设置相对区域为 inner。

Step 6: Boundary Conditions

1.farfield1 设置

❖ 右键选择模型树节点 Boundary Conditions → farfield1，选择菜单项 Type → velocity-inlet，弹出相应参数设置对话框，如图 4-12 所示。

❖ 设置 Velocity Specification Method 为 Components。

❖ 设置 X-Velocity 为 10m/s。

❖ 设置 Specification Method 为 Intensity and Length Scale。

❖ 设置 Turbulent Intensity 为 5%，设置 Turbulent Length Scale 为 1m。

❖ 单击 OK 按钮关闭对话框。

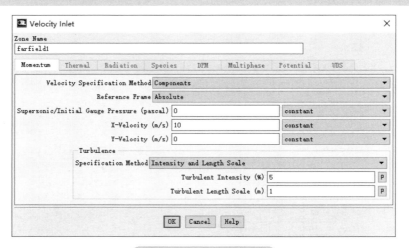

图 4-12　设置入口条件

2.farfield2 设置

❖ 右键选择模型树节点 Boundary Conditions → farfield2，选择菜单项 Type → pressure-outlet，弹出相应参数设置对话框，如图 4-13 所示。

❖ 设置 Specification Method 为 Intensity and Length Scale。

❖ 设置 Turbulent Intensity 为 5% ，设置 Turbulent Length Scale 为 1m。

❖ 单击 OK 按钮关闭对话框。

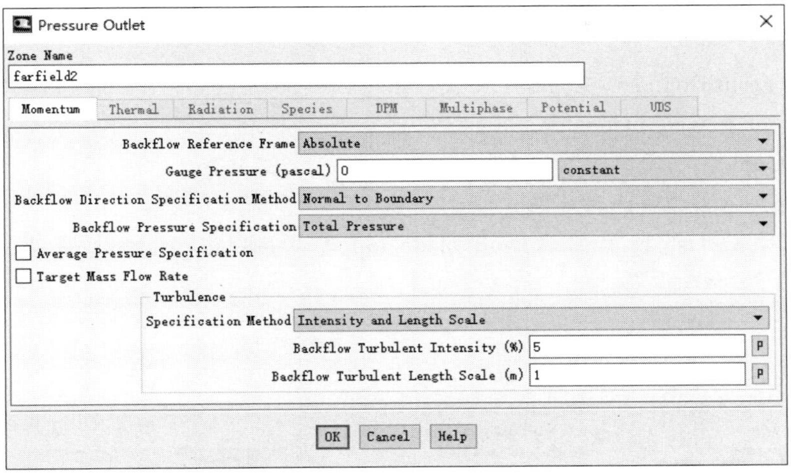

图 4-13 设置出口条件

3.wall_blade_hot 设置

❖ 右键选择模型树节点 Boundary Conditions → wall_blade_hot，单击弹出菜单项 Edit...，弹出相应参数设置对话框，如图 4-14 所示。

❖ 设置 Wall Motion 为 Moving Wall。

❖ 设置 Motion 为 Rotational。

❖ 设置 Rotation-Axis Origin 为（−0.02−0.034641）。

❖ 单击 OK 按钮关闭对话框。

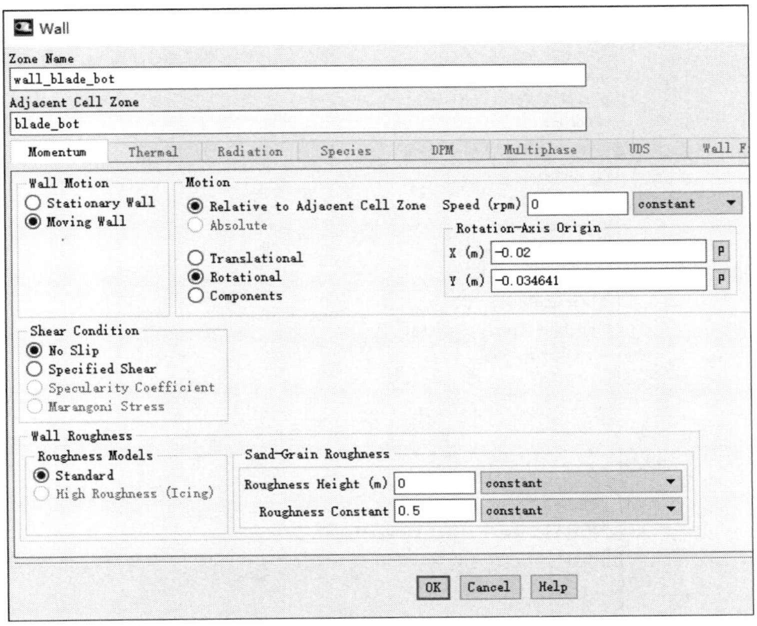

图 4-14 旋转壁面条件

4. 其他 Wall 设置

❖ 双击模型树节点 Boundary，单击右侧面板中的 Copy 按钮，弹出边界复制对话框，如图 4-15 所示。

❖ 选择 From Boundary Zone 列表项 wall_blade_bot，选择 To Boundary Zones 列表项 wall_blade_right 及 wall_blade_top。

❖ 单击 Copy 按钮复制边界信息。

❖ 单击 Close 按钮关闭对话框。

❖ 按表 4-3 所列数据修改 wall_blade_top 及 wall_blade_right 边界的 Rotation-Axis Origin 参数。

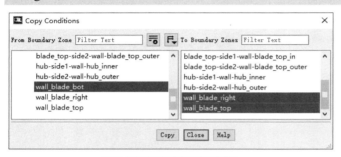

表 4-3 边界条件

Boundary Zone	Centroid (X,Y)
wall_blade_top	$(-0.02, 0.034641)$
wall_blade_right	$(0.04, 0)$

图 4-15 拷贝边界条件

Step 7: Methods

❖ 双击模型树节点 Methods，右侧面板中设置 Scheme 选项为 Coupled，如图 4-16 所示。

❖ 激活选项 Warped-Face Gradient Correction 及 High Order Term Relaxation。

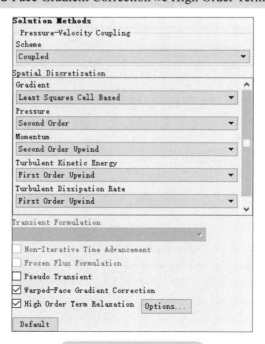

图 4-16 求解方法设置

Step 8: Monitors

软件默认计算残差为 0.001，对于二维模型计算，可以将残差设置得更低一些，以提高计算精度。

- ❖ 双击模型树节点 Monitors → Residual，弹出残差设置对话框。
- ❖ 设置所有方程的 Absolute Criteria 均为 1e–6。
- ❖ 单击 OK 按钮关闭对话框。

Step 9: Initialization

- ❖ 右键单击模型树节点 Initialization，单击菜单项 Initialize 进行初始化，如图 4-17 所示。

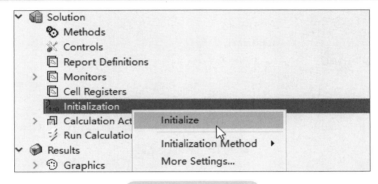

图 4-17 初始化计算

Step 10: Run Calculation

- ❖ 双击模型树节点 Run Calculation，右侧面板中设置 Number of Iterations 为 1000。
- ❖ 单击按钮 Calculate 进行计算，如图 4-18 所示。

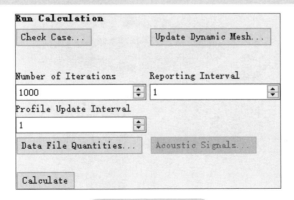

图 4-18 计算求解

4.1.4 计算后处理

- ❖ 双击模型树节点 Results → Graphics → Contours，弹出云图设置对话框，按如图 4-19 所示设置。

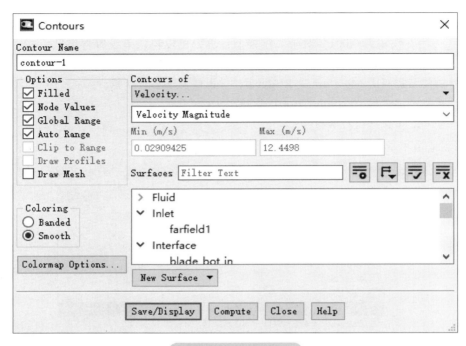

图 4-19 后处理设置

速度分布云图如图 4-20 所示。

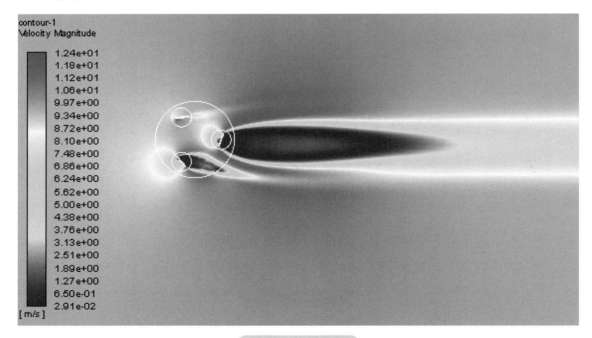

图 4-20 速度分布

❖ 按如图 4-21 所示设置涡量分布显示。

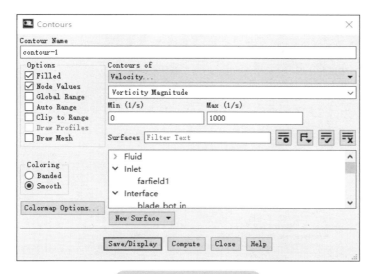

图 4-21 涡量显示设置

涡量分布云图如图 4-22 所示。

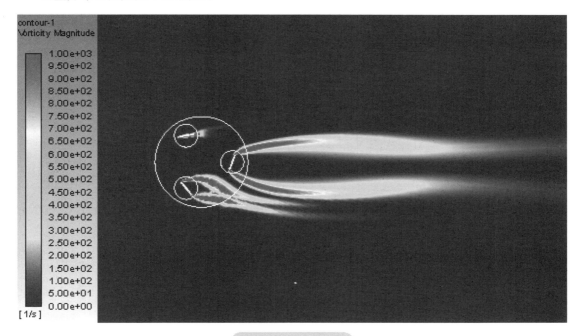

图 4-22 涡量分布

4.2 【实例 2】滑移网格模型实例

本实例是在上一实例的基础上进行讲解。在前面的实例中介绍了利用 MRF 解决旋转区域问题，本实例利用滑移网格来解决相同的问题。利用滑移网格可以解决瞬态区域运动问题。

❖ 启动 A3 单元格进入 Fluent 工作界面。

Step 1: General 设置

❖ 双击模型树节点 General，右侧面板设置激活选项 Transient。

Step 2: Cell Zone Conditions

❖ 双击模型树节点 Cell Zone Conditions→inner，打开区域设置对话框，如图 4-23 所示。
❖ 单击按钮 Copy To Mesh Motion，将 MRF 模型切换为滑移网格。

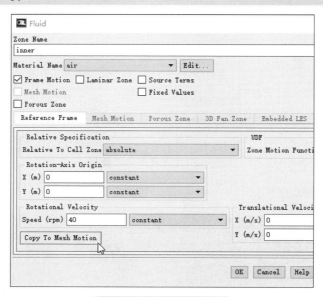

图 4-23　运动区域设置

切换后的对话框如图 4-24 所示。

图 4-24　静止区域设置

❖ 单击 OK 按钮关闭对话框。

❖ 采用相同的步骤切换计算区域 blade_bot、blade_right、blade_top。

Step 3： 定义动画

❖ 右键单击模型树节点 Initialization，单击弹出菜单项 Initialize 进行初始化。

❖ 双击模型树节点 Autosave，弹出自动保存设置对话框。

❖ 设置参数 Save Data File Every 为 5。

❖ 单击 OK 按钮关闭对话框。

❖ 双击模型树节点 Calculation Activities → Solution Animations，弹出动画定义对话框。

❖ 设置参数 Record after every 为 5，如图 4-25 所示。

图 4-25 动画设置

❖ 单击 New Object 按钮下的子按钮 Contours，弹出云图设置对话框，在该对话框中查看速度，如图 4-26 所示。

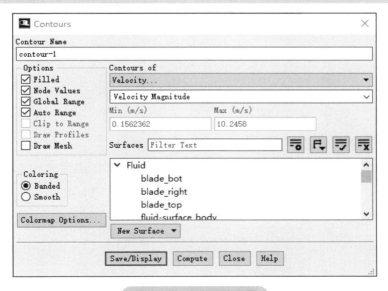

图 4-26 速度云图设置

❖ 单击按钮 Save/Display 显示云图，单击 Close 按钮关闭对话框，返回至动画定义对话框。

❖ 选中 Animation Object 列表项 contour-1，如图 4-27 所示，单击 OK 按钮完成动画定义。

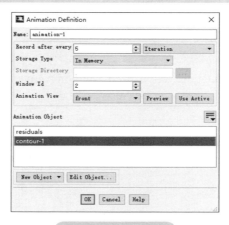

图 4-27　动画定义

Step 4：计算

❖ 双击模型树节点 Run Calculation，右侧面板中设置 Time Step Size 为 0.005s，设置 Number of Time Steps 为 300，如图 4-28 所示。

❖ 单击 Calculate 按钮进行计算。

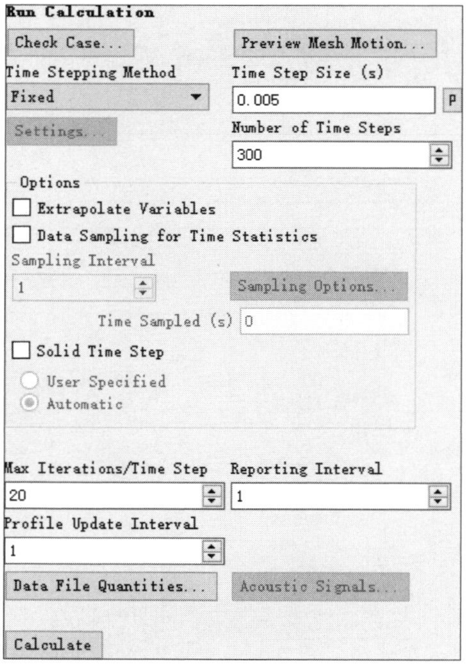

Run Calculation

| Check Case... | | Preview Mesh Motion... |
Time Stepping Method　Time Step Size (s)
Fixed ▼　0.005　P
Settings...　Number of Time Steps
300

Options
☐ Extrapolate Variables
☐ Data Sampling for Time Statistics
Sampling Interval
1　Sampling Options...
Time Sampled (s) 0
☐ Solid Time Step
○ User Specified
◉ Automatic

Max Iterations/Time Step　Reporting Interval
20　1
Profile Update Interval
1
Data File Quantities...　Acoustic Signals...

Calculate

图 4-28　设置计算参数

Step 5：后处理

❖ 关闭 Fluent 返回至 Workbench，双击 A5 单元格进入 CFD-Post。

在 CFD-Post 中可以查看各时刻流场分布。图 4-29 所示为 0.1s 时刻速度分布。

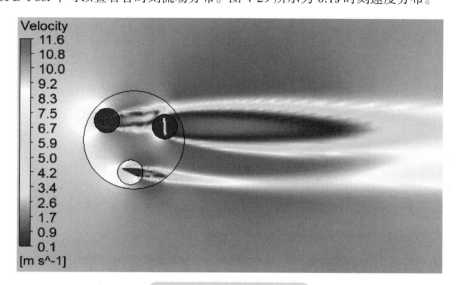

图 4-29　速度分布（0.1s）

图 4-30 所示为 0.2s 时刻速度分布。

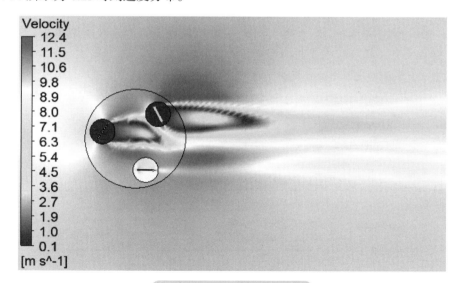

图 4-30　速度分布（0.2s）

4.3 【实例 3】动网格模型实例

本实例利用 Fluent 的动网格功能仿真计算封闭容器内旋转叶片运动下流场分布。本实例的目的仅为动网格设置演示，实例计算域模型如图 4-31 所示。

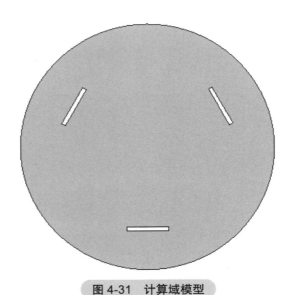

图 4-31　计算域模型

容器直径 120 mm，三个叶片的中心均匀分布在距离圆心 40mm 的圆周上，叶片长 20mm，宽 2mm，旋转速度 40RPM。

4.3.1　几何模型

本实例几何采用外部导入方式加载。也可以按照几何尺寸创建模型。

❖ 启动 Workbench，加载模块 Fluid Flow(Fluent)。

❖ 如图 4-32 所示，右键单击 A2 单元格，选择弹出菜单项 Import Geometry → Browse... 弹出文件选择对话框，选择几何文件 ex4-3\ex4-3.scdoc。

❖ 双击 A3 单元格进入 Mesh 模块。

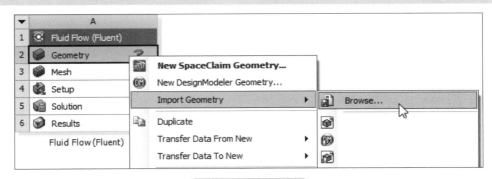

图 4-32　导入几何

4.3.2　网格划分

本实例采用 Remeshing 网格重构，因此划分为全三角形网格。

❖ 右键单击模型树节点 Mesh，选择弹出菜单项 Insert → Method。

❖ 属性窗口中设置 Geometry 为整个二维几何体，选择 Method 为 Triangles。

❖ 右键单击模型树节点 Mesh，选择弹出菜单项 Insert → Sizing 插入网格尺寸。

❖ 选择 Geometry 为整个二维几何体，设置 ElementSize 为 1 mm，设置 Behavior 为 Hard。

❖ 右键单击模型树节点 Mesh，单击弹出菜单项 Generate Mesh 生成网格。

❖ 进行边界命名，将圆形外壁面命名为 wall，所有的叶片壁面命名为 blades，如图 4-33 所示。

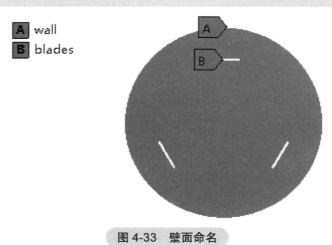

图 4-33 壁面命名

❖ 右键单击模型树节点 Mesh，单击工具栏按钮 Update 更新网格。

❖ 关闭 Mesh 模块返回至 Workbench 工程界面。

4.3.3 UDF 准备

本实例的 UDF 较为简单，只需要利用 UDF 宏 DEFINE_CG_MOTION 定义一个刚体角速度即可。程序代码如下：

```
#include "udf.h"
DEFINE_CG_MOTION(rot,dt,vel,omega,time,dtime)
{
omega[2]= 40*3.14*2/60;
}
```

注意将 RPM 换算为 rad/s。

将 UDF 文件保存为 rotation.c，拷贝到 ...\ex4-3_files\dp0\FFF\Fluent，后面要用到。

4.3.4 Fluent 设置

❖ 双击 A4 单元格进入 Fluent 启动界面。

❖ 激活选项 Double Precision，如图 4-34 所示。

❖ 展开按钮 Show Fewer Options，确保 Environment 标签页下 UDF 编译环境已经配置完毕。

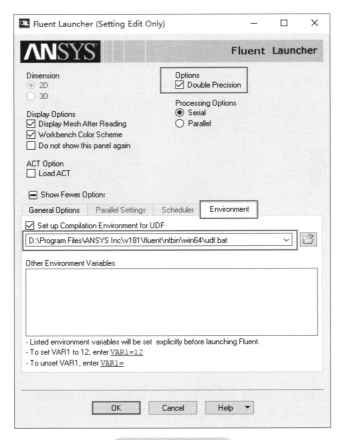

图 4-34　启动参数

Step 1：编译 UDF

❖ 右键选择模型树节点 Parameters & Customization → User Defined Functions，单击弹出菜单项 Compiled…，弹出 UDF 编译对话框，如图 4-35 所示。

❖ 单击 Add… 按钮添加 UDF 源文件 rotation.c，单击按钮 Build 进行编译。

❖ 单击 Load 按钮加载 UDF。

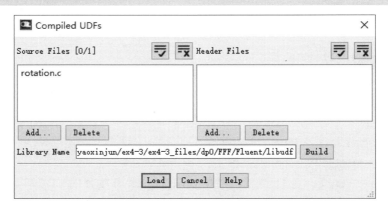

图 4-35　UDF 编译对话框

Step 2：General 设置

❖ 双击模型树节点 General，右侧面板中激活选项 Transient，如图 4-36 所示。

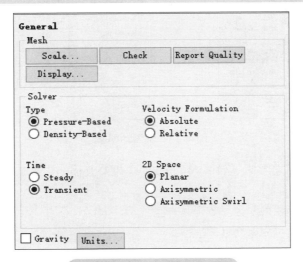

图 4-36 General 面板设置

Step 3：Models 设置

❖ 右键选择模型树节点 Models → Viscous，选择弹出菜单项 Model → Realizable k-epsilon 激活湍流模型，如图 4-37 所示。

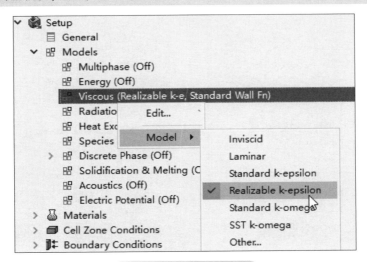

图 4-37 选择湍流模型

Step 4：Dynamic Mesh

❖ 双击模型树节点 Dynamic Mesh，右侧面板中激活选项 Dynamic Mesh，如图 4-38 所示。

❖ 激活选项 Smoothing 及 Remeshing，单击 Settings... 按钮打开设置对话框。

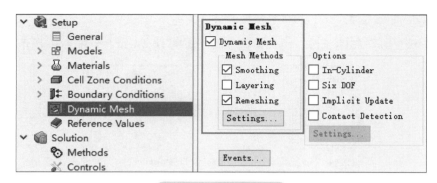

图 4-38　激活动网格

❖ 进入 Smoothing 标签页，设置 Method 方法为 Diffusion，设置 Diffusion Parameter 为 1.5，如图 4-39 所示。

❖ 进入 Remeshing 标签页，单击按钮 Use Defaults 设置动网格参数，修改参数 Size Remeshing Interval 为 1，如图 4-40 所示。

图 4-39　设置光顺参数

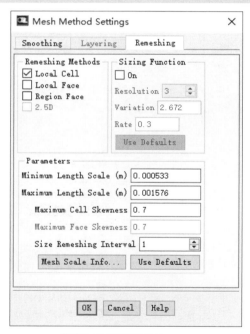

图 4-40　设置重构参数

> 注意：这里利用 use Defaults 采用的是偷懒的办法。通常设置 Minimum Length Scale 为模型网格尺寸的 0.5~0.6 倍，设置 Maximum Length Scale 为模型网格尺寸的 1.2~1.5 倍，设置 Maximum Cell Skewness 为 0.5~0.8。

❖ 单击 OK 按钮关闭对话框。

❖ 如图 4-41 所示，双击模型树节点 Dynamic Mesh，单击右侧面板按钮 Create/Edit...，

弹出动网格区域设置对话框。

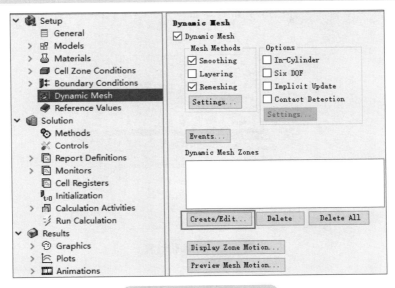

图 4-41　创建动网格区域

❖ 设置 Zone Names 为 blades，选择 Type 为 Rigid Body，如图 4-42 所示。

❖ 在 Motion Attributes 标签页中选择 Motion UDF/Profile 为 rot::libudf。

❖ 切换至 Meshing Options 标签页，设置选项 Cell Height 为 0.001m。

❖ 单击 Create 按钮创建动网格区域。

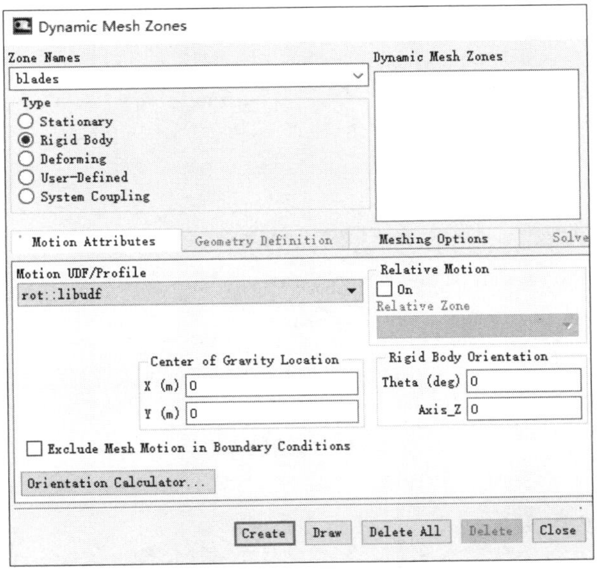

图 4-42　动网格区域创建

❖ 单击 Close 按钮关闭对话框。

Step 5：Initialization

❖ 右键单击模型树节点 Initialization，单击弹出菜单项 Initialize 进行初始化，如图 4-43 所示。

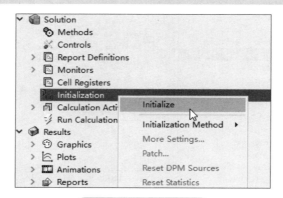

图 4-43　初始化计算

Step 6：Auto Save 设置

❖ 双击模型树节点 Calculation Activities → AutoSave，弹出自动保存对话框。

❖ 设置 Save Data File Every 为 5，如图 4-44 所示。

❖ 选择选项 Each Time。

❖ 单击 OK 按钮关闭对话框。

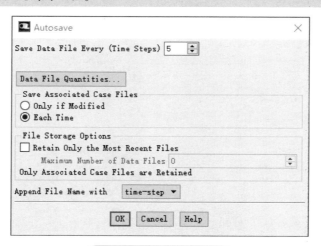

图 4-44　自动保存设置

Step 7：Animation 设置

❖ 双击模型树节点 Calculation Activities → Solution Animations 弹出动画定义对话框。

❖ 设置 Storage Type 为 In Memory，如图 4-45 所示。

❖ 单击按钮 New Object → Contours 弹出云图定义对话框，选择显示速度云图。

❖ 选择列表项 contour-1，单击 OK 按钮完成动画定义。

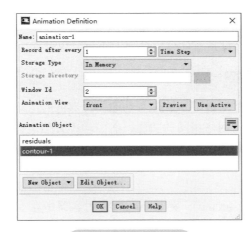

图 4-45 动画定义

注意：动画定义并非必须，也可以不定义动画。只要定义了文件保存，在后期可以利用其他后处理软件生成动画。

Step 8: Run Calculation

❖ 双击模型树节点 Run Calculation，右侧面板设置 Time Step Size 为 0.005s，设置 Number of Time Steps 为 200，如图 4-46 所示。

❖ 单击 Calculate 按钮进行计算。

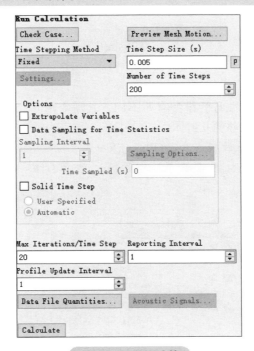

图 4-46 求解计算

4.3.5　计算后处理

本实例目的为演示动网格设置，计算后处理工作与常规设置相同，此处不再赘述。

4.4　【实例 4】重叠网格实例

本实例利用 Fluent 的重叠网格（Overset）功能实现部件的运动。

重叠网格能实现与传统动网格相同的功能，然而却不必担忧会出现负体积。目前最大的缺点可能在网格准备及计算精度上。

4.4.1　实例描述

如图 4-47 所示为一个长 400mm，宽 80mm 的密闭容器中存在一个直径 10mm 的小球，其运动轨迹为正弦分布。

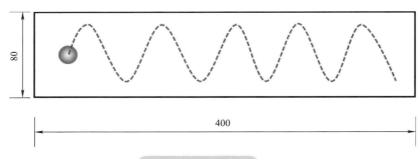

图 4-47　计算描述

小球的运动规律为：

$$\begin{cases} v_x = 0.05 \\ v_y = 0.06\sin(6.28t) \end{cases}$$

4.4.2　几何准备

重叠网格与常规计算所准备的模型有所不同，其需要两套计算网格（前景网格与背景网格），因此几何也需要两个重叠的几何体。

❖ 启动 Workbench，加载模块 Fluid Flow(Fluent)。

❖ 如图 4-48 所示，右键单击 A2 单元格，单击弹出菜单项 New DesignModeler Geometry... 进入 DM 模块。

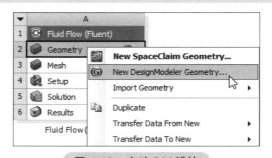

图 4-48　启动 DM 模块

❖ 在 XY Plane 上创建一个长 400mm，宽 80mm 的矩形草图，单击菜单 Concept →
Surface From Sketches 创建几何面。

生成的几何模型如图 4-49 所示。

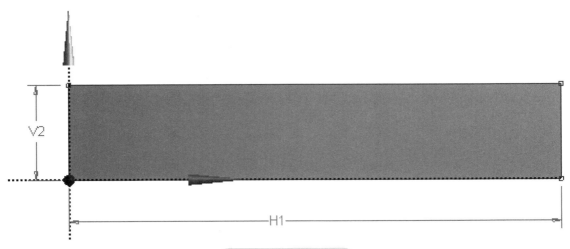

图 4-49 创建几何面

❖ 右键单击模型树节点 XYPlane，单击工具栏按钮 New Sketch 创建新的草图，如图
4-50 所示。

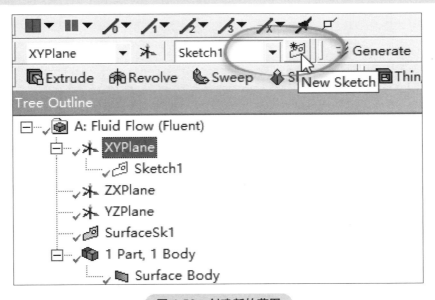

图 4-50 创建新的草图

💡 **注意**：这里一定要新建草图，否则后面没办法创建新的平面。

❖ 在新选择的平面上绘制如图 4-51 所示的草图。

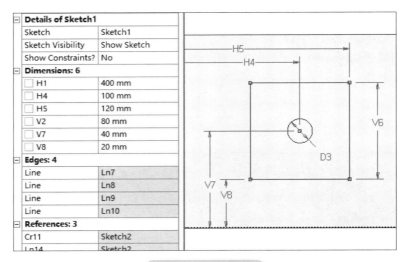

Details of Sketch1	
Sketch	Sketch1
Sketch Visibility	Show Sketch
Show Constraints?	No
Dimensions: 6	
H1	400 mm
H4	100 mm
H5	120 mm
V2	80 mm
V7	40 mm
V8	20 mm
Edges: 4	
Line	Ln7
Line	Ln8
Line	Ln9
Line	Ln10
References: 3	
Cr11	Sketch2
Ln14	Sketch2

图 4-51　几何草图

❖ 单击菜单 Concept → Surface From Sketches 创建新的几何面，如图 4-52 所示。

Details of SurfaceSk2	
Surface From Sketches	SurfaceSk2
Base Objects	1 Sketch
Operation	Add Frozen
Orient With Plane Normal?	Yes
Thickness (>=0)	0 mm

图 4-52　创建新的几何面

💡 **注意**：在生成几何面过程中，确保 Operating 选项为 Add Frozen，这样生成的几何体才不会被合并。

❖ 命名模型树节点分布为 foreground 及 background。

模型树节点如图 4-53 所示。

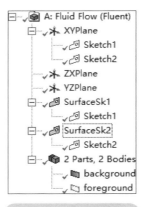

图 4-53　模型树节点

生成的几何体如图 4-54 所示。

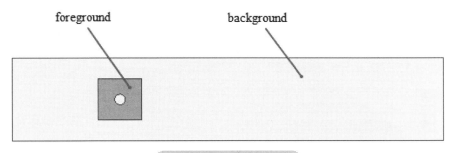

图 4-54　生成的几何体

❖ 关闭 DM 模块返回至 Workbench 工作界面。

4.4.3　网格划分

❖ 双击 A3 单元格进入 Mesh 模块。

💡 **重叠网格基本规则**：为减小计算误差，网格重叠区域的前景网格与背景网格尺寸尽量保持一致。本实例简单起见，为前景网格及背景网格指定相同的尺寸。

❖ 右键选择模型树节点 Mesh，单击弹出菜单项 Insert → Sizing。
❖ 如图 4-55 所示，属性窗口中设置 Geometry 为所有几何面，设置 Element Size 为 2 mm。

Scope	
Scoping Method	Geometry Selection
Geometry	2 Faces
Definition	
Suppressed	No
Type	Element Size
☐ Element Size	2. mm
Advanced	
☐ Defeature Size	Default (2.9775e-002 mm)
Size Function	Uniform
Behavior	Hard

图 4-55　网格尺寸

❖ 右键单击模型树节点 Mesh，单击弹出菜单项 Generate Mesh 生成网格，生成的网格如图 4-56 所示。

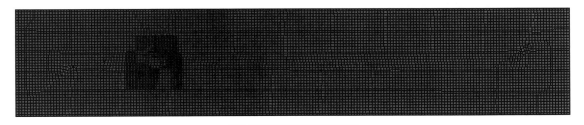

图 4-56　生成的网格

🔆 提示：其实也可以在其他外部网格生成软件中分别对两个部件生成网格，之后再在 Fluent 中组装网格。

❖ 按图 4-57 所示对边界进行命名。

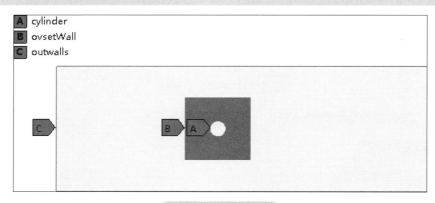

图 4-57　边界命名

🔆 提示：图 4-57 中的 ovsetWall 边界命名非常重要，在 Fluent 中要单独为其设置边界条件。

❖ 右键单击模型树节点 Mesh，单击工具栏按钮 Update 更新网格。
❖ 关闭 Mesh 模块，返回至 Workbench 工作界面。

4.4.4　定义区域运动

本例的区域运动采用 UDF 宏 DEFINE_ZONE_MOTION 来定义。

```
#include "udf.h"
DEFINE_ZONE_MOTION(zonemove,omega,axis,origin,vel,time,dtime)
{
vel[0] = 0.05;
vel[1] = 0.06*sin(6.28*time);
    return;
}
```

用任何文本编辑器编写该程序代码后，将其保存到 ...\ex4-4_files\dp0\FFF\Fluent，命名为 move.c。该宏文件可以以解释或编译的形式加载。

4.4.5　Fluent 设置

❖ 双击 A4 单元格进入 Fluent 模块，启动过程中激活 Double Precision 选项。

Step 1: 解释 UDF 程序

❖ 右键选择模型树节点 Parameters & Customization → User Defined Functions，如图

4-58 所示,单击弹出菜单项 Interpreted... 弹出代码解释对话框,如图 4-59 所示。

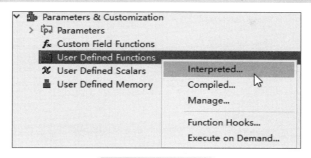

图 4-58　解释 UDF

❖ 对话框中单击 Browse... 按钮,弹出的文件选择对话框中选择文件 move.c,单击按钮 Interpret 解释源代码。

❖ 单击 Close 按钮关闭对话框。

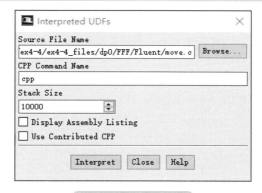

图 4-59　解释 UDF

Step 2: General 设置

❖ 双击模型树节点 General,右侧面板中激活 Transient 选项,如图 4-60 所示。

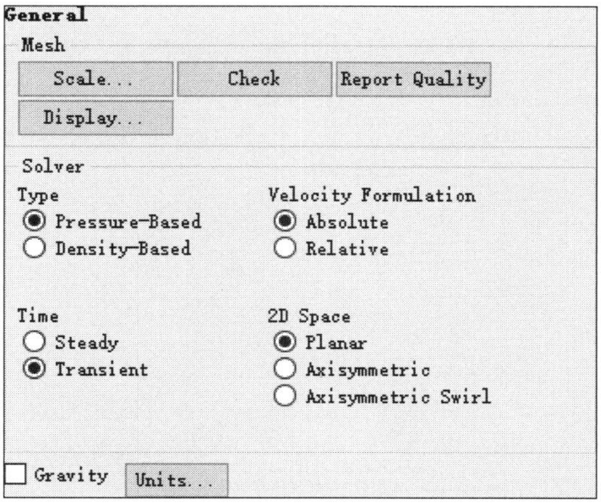

图 4-60　设置瞬态计算

Step 3: Models 设置

❖ 右键选择模型树节点 Models → Viscous，选择菜单项 Model → Standard k-epsilon 开启湍流模型，如图 4-61 所示。

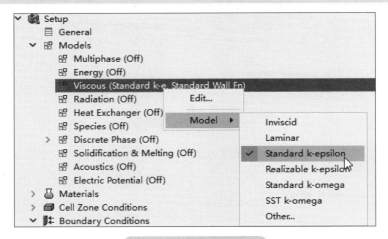

图 4-61　设置湍流模型

Step 4: Cell Zone Conditions

❖ 双击模型树节点 Cell Zone Conditions → contact_region_trg 弹出计算域定义对话框。

❖ 修改 Zone Name 为 foreground，如图 4-62 所示。

❖ 激活选项 Mesh Motion，设置 Zone Motion Function 为 zonemove。

❖ 单击 OK 按钮关闭对话框。

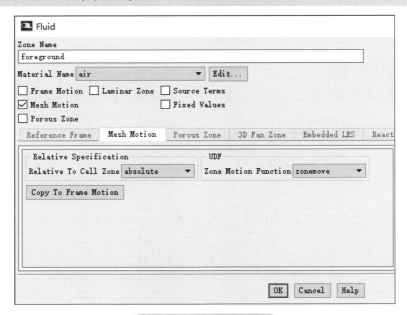

图 4-62　设置区域运动

注意：这里的 zonemove 即前面定义的 udf 名称。

❖ 双击模型树节点 Cell Zone Conditions → contact_region_src 弹出计算域定义对话框。
❖ 如图 4-63 所示，修改 Zone Name 为 background，其他参数保持默认设置。
❖ 单击 OK 按钮关闭对话框。

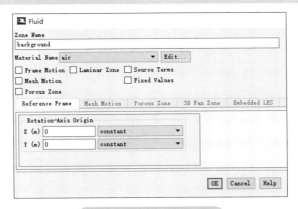

图 4-63　设置静止区域

Step 5：Boundary Conditions

❖ 右键选择模型树节点 Boundary → ovsetwall，选择弹出菜单项 Type → overset 更改边界类型为 overset，如图 4-64 所示。

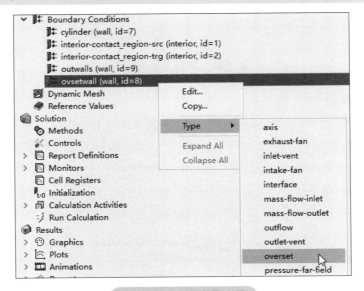

图 4-64　设置重叠边界

提醒：设置边界为 overset 边界后，模型树自动添加节点 Overset Interfaces。

Step 6: Overset Interfaces 设置

❖ 如图 4-65 所示,右键单击模型树节点 Overset Interfaces,单击弹出菜单项 New... 打开新建重叠交界面对话框。

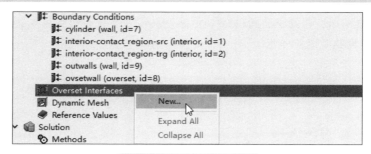

图 4-65　新建 interface

❖ 如图 4-66 所示,设置 Overset Interface 名称为 oversetinterface,选择 Background Zones 为 background,设置 Component Zones 为 foreground,单击 Create 按钮创建交界面。

❖ 单击 Close 按钮关闭对话框。

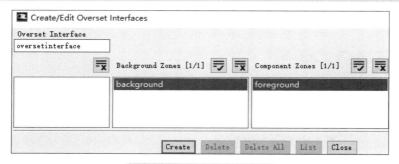

图 4-66　创建重叠交界面

Step 7: Initialization

❖ 右键单击模型树节点 Initialization,单击弹出菜单项 Initialize 进行初始化,如图 4-67 所示。

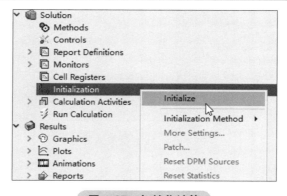

图 4-67　初始化计算

Step 8：Auto Save 设置

❖ 双击模型树节点 Calculation Activities → Autosave，弹出设置对话框。

❖ 设置 Save Data File Every（Time Steps）选项为 1，如图 4-68 所示。

❖ 单击 OK 按钮关闭对话框。

图 4-68 设置自动保存

Step 9：Solution Animations 设置

❖ 双击模型树节点 Calculation Activities → Solution Animations，弹出设置对话框。

❖ 设置 Record after every 为 1 Time Step。

❖ 设置 Storage Type 为 In Memory。

❖ 单击按钮 New Object → Contours，新建速度显示云图 contour-1，如图 4-69 所示。

❖ 选中 Animation Object 列表项 contour-1。

❖ 单击 OK 按钮创建动画录制。

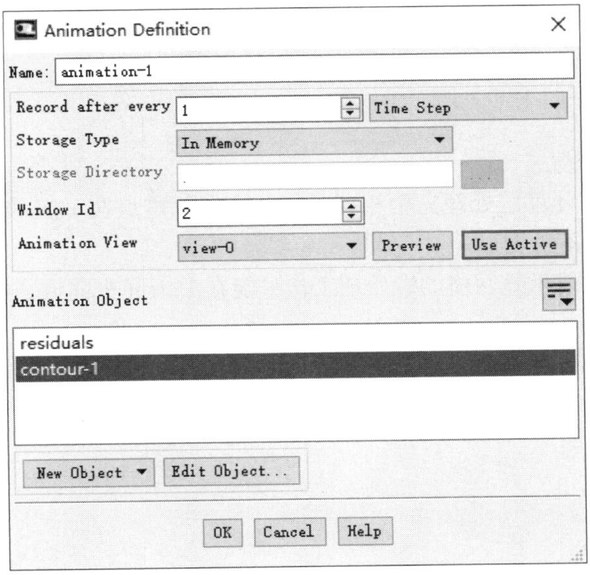

图 4-69 动画设置

Step 10： Run Calculation

❖ 双击模型树按钮 Run Calculation，右侧面板中设置 Time Step Size 为 0.05 s，设置 Number of Time Steps 为 120，如图 4-70 所示。

❖ 设置 Max Iterations/Time Step 为 40。

❖ 单击 Calculate 按钮开始计算。

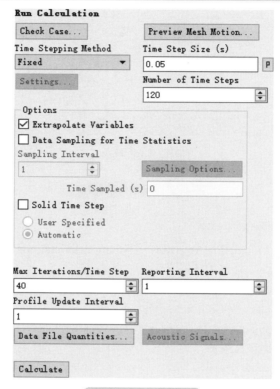

图 4-70 计算设置

4.4.6 计算后处理

后处理过程与常规计算后处理完全相同。由于本实例重点在于演示重叠网格的建模及设置步骤，因此后处理过程不再赘述。

需要注意的是，目前重叠网格的后处理工作只能在 Fluent 中完成，CFD-Post 并不支持对重叠网格的后处理。

第5章

多相流计算

5

5.1 【实例1】波浪模拟

本实例利用 Fluent 中的 VOF 模型模拟波浪。

5.1.1 模型描述

计算几何模型如图 5-1 所示。

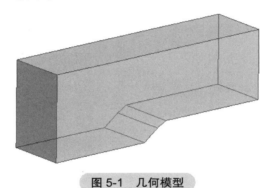

图 5-1　几何模型

其中左侧面为入口面，水面标高 0.04m，波高 0.155m，波长 1.35m。模型顶部面为开敞边界，与大气相同。

5.1.2 几何模型

本实例几何模型采用外部导入。

❖ 启动 Workbench，添加 Fluid Flow（Fluent）模块。

❖ 如图 5-2 所示，右键单击 A2 单元格，选择弹出菜单项 Import → Browse...，选择几何文件 ex5-1\Design.stp。

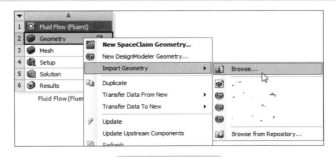

图 5-2　导入几何

❖ 如图 5-3 所示，右键单击 A2 单元格，单击弹出菜单项 Edit Geometry in DesignModeler...
进入 DM 模块。

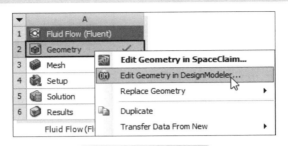

图 5-3　启动 DM 模块

❖ 单击工具栏按钮 Generate 导入几何模型。

导入的几何模型如图 5-4 所示。

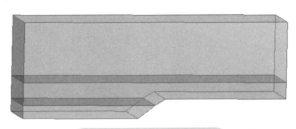

图 5-4　导入的几何模型

图 5-4 中为 3 个几何，下面将其通过布尔运算合并成一个几何体。

❖ 选择菜单 Create → Boolean，属性窗口中设置 Tool Bodies 为所有的几何体，单击工
具栏按钮 Generate 合并几何。

最终的几何模型如图 5-5 所示。

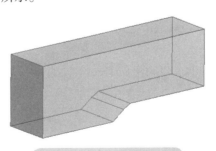

图 5-5　最终的几何模型

❖ 关闭 DM 模块返回至 Workbench 工作界面。

5.1.3　网格划分

❖ 双击 A3 单元格进入 Mesh 模块。

❖ 右键单击模型树节点 Mesh，选择弹出菜单项 Insert → Mesh Sizing，属性窗口中设置
Geometry 为几何体，设置 Element Size 为 0.02m，如图 5-6 所示。

Scope	
Scoping Method	Geometry Selection
Geometry	1 Body
Definition	
Suppressed	No
Type	Element Size
☐ Element Size	2.e-002 m
Advanced	
☐ Defeature Size	Default (1.e-004 m)
Size Function	Uniform
Behavior	Soft
☐ Growth Rate	Default (1.2)

图 5-6　网格尺寸

❖ 右键单击模型树节点 Mesh，单击弹出菜单项 Generate Mesh 生成网格。生成全六面体网格如图 5-7 所示。

图 5-7　生成的网格

❖ 按如图 5-8 所示进行边界命名，边界名称为 inlet、outlet、atomosphere。

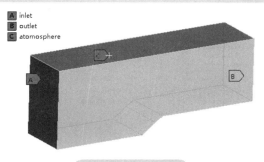

图 5-8　命名边界

❖ 右键单击模型树节点 Mesh，单击工具栏按钮 Update 更新网格。

5.1.4　Fluent 设置

❖ 双击 A4 单元格启动 Fluent，激活选项 Double Precision，以双精度模式进入 Fluent。

Step 1： General 设置

❖ 双击模型树节点 General，右侧面板中激活选项 Transient。

❖ 激活选项 Gravity，设置重力加速度为（0，−9.81，0），如图 5-9 所示。

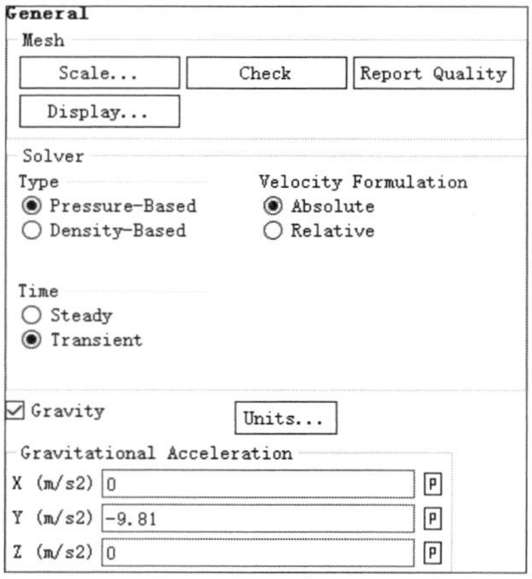

图 5-9　General 设置

Step 2：Models 设置

本实例仅需要设置多相流模型，假设流动为层流。

❖ 双击模型树节点 Models → Multiphase 弹出多相流设置对话框。

❖ 激活模型 Volume of Fluid，如图 5-10 所示。

❖ 激活选项 Open Channel Flow 及 Open Channel Wave BC。

❖ 激活选项 Interfacial Anti-Diffusion。

❖ 激活选项 Implicit Body Force。

❖ 单击 OK 按钮关闭对话框。

图 5-10　多相流设置

Step 3: Materials 设置

添加材料 water。

❖ 右键选择模型树节点 Materials → Fluid，单击弹出菜单项 New... 打开材料新建对话框，如图 5-11 所示。

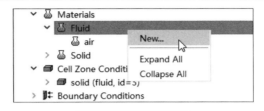

图 5-11 新建材料

❖ 如图 5-12 所示，添加新材料 water，设置其密度为 998kg/m³，黏度为 0.001kg/(m·s)，单击按钮 Change/Create，在弹出的询问是否覆盖的对话框中选择 Yes，单击 Close 按钮关闭材料对话框。

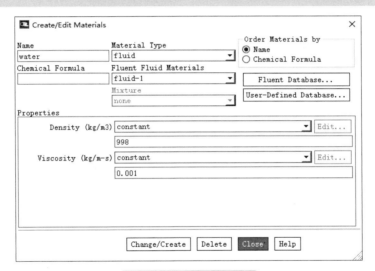

图 5-12 设置材料属性

Step 4: 设置相

❖ 如图 5-13 所示，右键选择模型树节点 Models → Multiphase → Phase → phase-1-Primary Phase，单击弹出菜单项 Edit... 打开编辑对话框。

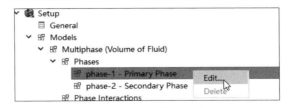

图 5-13 设置主相

❖ 如图 5-14 所示，设置 Name 为 air，设置 Phase Material 为 air，单击 OK 按钮关闭对话框。

图 5-14　设置主相

❖ 采用相同方式设置 phase-2-Secondary Phase，如图 5-15 所示，设置 Name 为 water，设置 Phase Material 为 water，单击 OK 按钮关闭对话框。

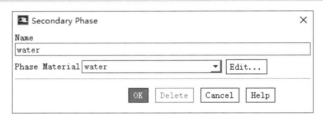

图 5-15　设置第二相

Step 5: Boundary Conditions

❖ 如图 5-16 所示，右键选择模型树节点 Boundary Conditions → atomosphere，选择弹出菜单项 Type → pressure-outlet，转换边界类型为压力出口，弹出的对话框中采用默认设置。

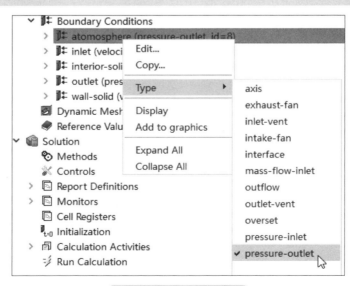

图 5-16　更改边界类型

❖ 双击模型树节点 Boundary Conditions → inlet。

❖ 激活选项 Open Channel Wave BC，切换至 Multiphase 标签页，如图 5-17 所示。

❖ 设置 Wave BC Options 为 Short Gravity Waves，设置 Free Surface Level 为 0.04 m。

❖ 设置 Number of Waves 为 2。

❖ 下方设置 Wave-1 的 Wave Theory 为 Fifth Order Stokes，设置 Wave Height 为 0.155m，设置 Wave Length 为 1.35 m。

❖ Wave-2 采用相同的参数设置，单击 OK 按钮关闭对话框。

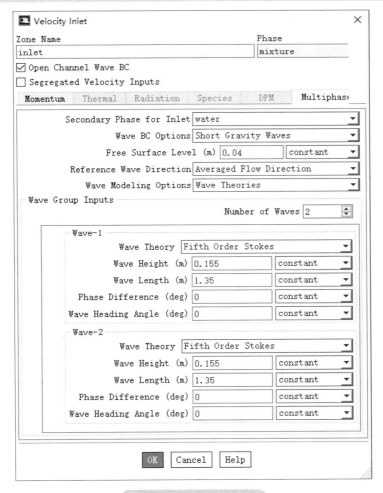

图 5-17　入口边界条件

❖ 双击模型树节点 Boundary Conditions → outlet，弹出出口设置对话框。

❖ 切换至 Multiphase 标签页，如图 5-18 所示。

❖ 激活 Open Channel 选项。

❖ 设置 Free Surface Level 为 0.04m。

❖ 设置 Bottom Level 为 −0.1647m。

❖ 单击 OK 按钮关闭对话框。

边界条件输入完毕后，可在 TUI 窗口中输入以下命令：

```
/define/boundary-conditions/open-channel-wave-settings
```

软件会自动检测输入的 wave 参数是否合理。出现如图 5-19 所示的 passed，则表示设置的参数合理。

图 5-18　出口边界设置

```
Wave Steepness check
H/L = 0.1148 , Min : 0.0000 , Max : 0.1415
Wave steepness check : successful

Ursell Number check
Ur = 0.9185 , Min : 0.0000 , Max : 25.0000
Ursell number check : successful

Wave regime check
h/L = 0.5000 , Min : 0.0600 , Max : 10000.0000
Wave regime check : successful

Summary
----------------------
Checks : passed
Selected wave theory is appropriate for application.
```

图 5-19　参数检验

Step 6：Operating Conditions 设置

❖ 双击模型树节点 Boundary Conditions，单击右侧面板按钮 Operating Conditions... 弹出操作条件设置对话框。

❖ 设置 Pressure Pressure Location 坐标为（0,1.33,0），如图 5-20 所示。

❖ 激活选项 Specified Operating Density，设置 Operating Density 为 1.225 kg/m³。

❖ 单击 OK 按钮关闭对话框。

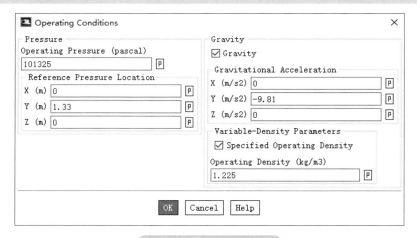

图 5-20　设置操作条件

Step 7：Initialization

❖ 双击模型树节点 Initialization。

❖ 如图 5-21 所示，右侧面板选择 Hybrid Initialization，选择 Compute from 为 inlet，选择 Open channel Initialization Method 为 Flat。

❖ 单击 Initialize 按钮进行初始化。

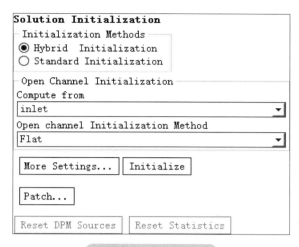

图 5-21 初始化计算

Step 8：Autosave 设置

❖ 双击模型树节点 Calculation Activities → Autosave，弹出自动保存设置对话框。

❖ 设置 Save Data File Every 为 20，如图 5-22 所示。

❖ 单击 OK 按钮关闭对话框。

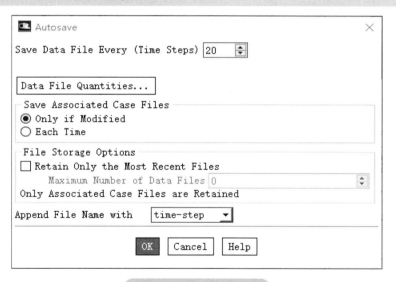

图 5-22 自动保存设置

Step 9：Run Calculation

❖ 双击模型树节点 Run Calculation，右侧面板中设置 Time Step Size 为 0.005s，设置 Number of Time Steps 为 1200，如图 5-23 所示。

❖ 设置 Max Iterations/Time Step 为 45。

❖ 单击按钮 Calculate 进行计算。

图 5-23　计算参数设置

计算时间很长，计算结果可参阅网盘源文件。计算后处理与其他实例相同，这里不再赘述。

5.2 【实例 2】抽水马桶

5.2.1 实例描述

如图 5-24 所示的抽水马桶是一种利用虹吸现象进行工作的装置。

图 5-24　抽水马桶

其内部结构如图 5-25 所示（只是个简单的示意，并非所有的马桶都是这种结构，但是常规的抽水马桶大致是这种结构）。

抽水马桶的最为核心的结构是排水位置的 U 形流道（图 5-25 中的吸水管），该流道开设位置、形状结构都会直接影响到冲洗以及脏污的排出效果。另一个核心结构是连接水箱与下方桶身之间的流道，该处设计是否合理也会影响到冲洗效果。至于水箱，仅仅只是提供水源而已。关于抽水马桶的工作原理，可自行上网搜索。

本实例采用 2D 模型进行计算，简化了水箱与桶身之间的流道，观察水箱中的水流入桶身后的流场情况，以及水流经 U 形吸水管后的虹吸现象。

本实例采用 VOF 多相流模型计算。

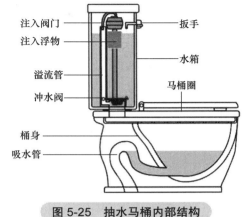

注入阀门　扳手
注入浮物
水箱
溢流管
马桶圈
冲水阀
桶身
吸水管

图 5-25　抽水马桶内部结构

5.2.2　几何模型

本实例几何模型利用 SCDM 创建，如图 5-26 所示。由于本实例几何并未按照实际尺寸创建，因此建模过程这里不再详细描述。

图 5-26　几何模型

注意：本实例中的几何并未按照实际抽水马桶尺寸创建，而是随手绘制的。本实例只是为了描述 VOF 模型的使用方式。

本实例从几何导入开始。

Step 1：启动 Workbench

❖ 启动 Workbench，添加 Fluent 模块。

Step 2：导入几何

❖ 如图 5-27 所示，右键单击 A2 单元格，选择菜单 Import Geometry → Browse...，在打开的文件选择对话框中选择几何文件 ex5-2\EX5-2.x_t。

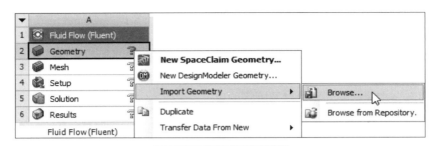

图 5-27　导入外部几何

Step 3： 边界命名

❖ 如图 5-28 所示，右键单击 A2 单元格，单击弹出菜单项 Edit Geometry in DesignModeler... 进入 DM 模块。

❖ 进入 DM，选择工具栏按钮 Generate 导入几何模型。

❖ 右键单击几何模型的 Y 值最大的边，单击弹出菜单项 Named Selection 进入边界命名窗口，如图 5-29 所示。

图 5-28　进入 DM 模块

图 5-29　创建边界命名

❖ 如图 5-30 所示，在属性设置窗口中设置 Named Selection 为 top，单击工具栏按钮 Generate 完成边界命名。

Details of top	
Named Selection	top
Geometry	1 Edge
Propagate Selection	Yes
Export Selection	Yes
Include In Legend	Yes

图 5-30　边界命名

❖ 采用相同的方式为其他边界命名，如图 5-31 所示，创建 top_2 及 outlet 边界

边界命名完毕后关闭 DM，返回至 workbench 工程界面。

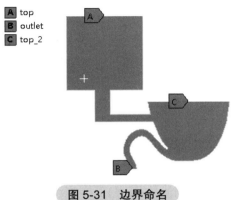

图 5-31　边界命名

5.2.3　网格划分

双击图 5-27 中的 A3 单元格进入 Mesh 模块。由于本实例的目的并非是讲述网格划分过程，因此这里采用最简单的网格划分方式。

Step 1：设置网格参数

❖ 选中模型树节点 Mesh。

❖ 如图 5-32 所示，设置属性窗口中 Size Function 为 Adaptive，并设置 Relevance Center 为 Fine。

Sizing	
Size Function	Adaptive
Relevance Center	Fine
☐ Element Size	Default
Mesh Defeaturing	Yes
☐ Defeature Size	Default
Transition	Slow
Initial Size Seed	Assembly
Span Angle Center	Fine
Bounding Box Diagonal	65.8380 mm
Average Surface Area	921.360 mm²
Minimum Edge Length	0.802450 mm
Quality	
Check Mesh Quality	Yes, Errors
☐ Target Skewness	Default (0.900000)
Smoothing	Medium
Mesh Metric	None
Inflation	
Assembly Meshing	
Advanced	

图 5-32　设置 Mesh 参数

Step 2: 进行网格加密

❖ 右键单击模型树节点 Mesh，弹出菜单项 Insert → Refinement，如图 5-33 所示。

❖ 在属性窗口中选择 Geometry 为所有的几何面，设置参数 Refinement 为 2，如图 5-34 所示。

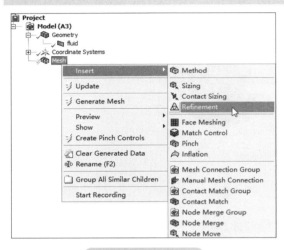

图 5-33　网格加密

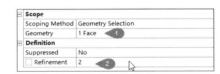

图 5-34　设置 Refinement 参数

❖ 右键单击模型树节点 Mesh，单击弹出菜单项 Generate Mesh 生成计算网格。默认参数生成的是四边形网格，如图 5-35 所示。

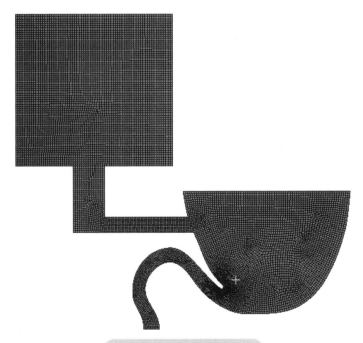

图 5-35　默认生成的网格

❖ 关闭 Mesh 模块返回至 workbench 工程面板。

5.2.4 Fluent 设置

Step 1： 更新网格

❖ 如图 5-36 所示，右键单击 A3 单元格，选择菜单 Update 更新网格。

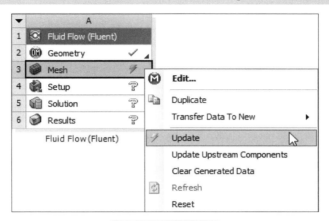

图 5-36　更新网格

Step 2： 启动 Fluent

❖ 双击图 5-37 中的 A4 单元格，在打开的对话框中选择 Double Precision 求解器，单击 OK 按钮启动 Fluent。

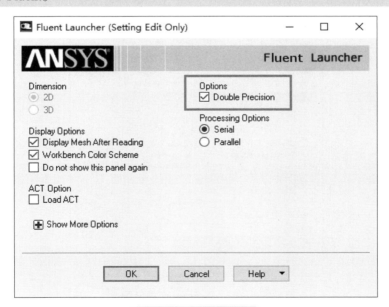

图 5-37　启动 Fluent

Step 3： Scale 网格

❖ 选择 General 节点，单击右侧面板中的 Scale... 按钮，弹出 Scale 对话框如图 5-38 所示。

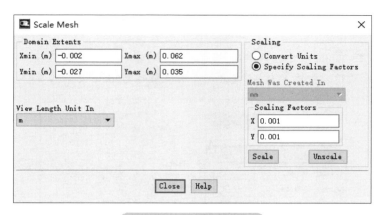

图 5-38　Scale 对话框

检查网格尺寸，发现并不合乎要求，模型需要放大 10 倍。

❖ 在 Scaling Factors 中，X 与 Y 均输入 10，单击 Scale 按钮放大模型。

❖ 单击 Close 按钮关闭对话框。

Step 4: General 面板设置

❖ 双击模型树节点 General，右侧面板设置 Time 为 Transient。

❖ 如图 5-39 所示，激活选项 Gravity，设置重力加速度为 Y 方向 $-9.81\mathrm{m/s^2}$。

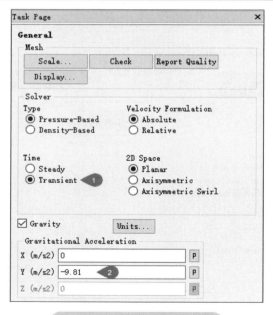

图 5-39　General 面板设置

Step 5: Models 设置

❖ 如图 5-40 所示，右键选择模型树节点 Models → Multiphase，单击弹出菜单项 Edit...，弹出多相流设置对话框。

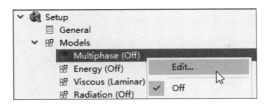

图 5-40 设置多相流

❖ 如图 5-41 所示，选择 Volume of Fluid，激活选项 Implicit Body Force，其他参数保持默认设置，单击 OK 按钮关闭对话框。

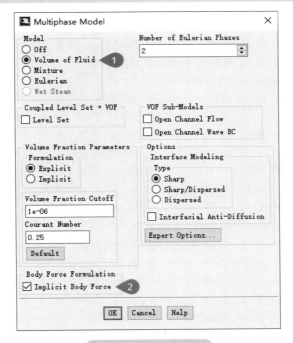

图 5-41 VOF 设置

❖ 右键选择模型树节点 Models → Viscous（Laminar），选择子菜单 Model → Realizable k-epsilon，如图 5-42 所示。

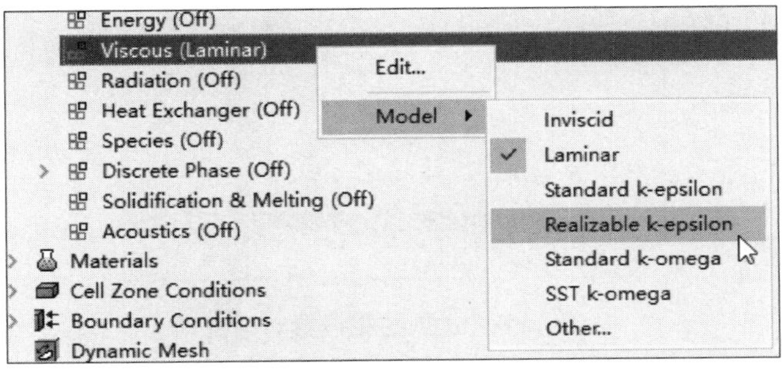

图 5-42 选择湍流模型

Step 6：Materials 设置

添加材料液态水。

❖ 如图 5-43 所示，右键选择模型树节点 Models → Materials → Fluid，单击弹出菜单项 New...，弹出材料创建对话框。

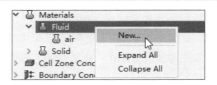

图 5-43　添加材料

❖ 如图 5-44 所示，设置材料名称 Name 为 water，设置 Density 为 1000 kg/m³，设置 Viscosity 为 0.001kg/（m·s）。其他参数保持默认。

❖ 单击 Change/Create 按钮创建新材料。

❖ 单击 Close 按钮关闭对话框。

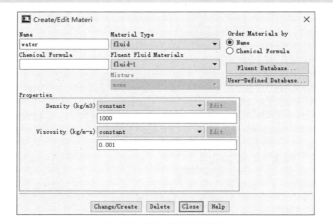

图 5-44　创建新材料

Step 7：设置相

❖ 双击模型树节点 Models → Multiphase → Phases → phase-1-Primary Phase，弹出相设置对话框，如图 5-45 所示。

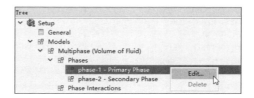

图 5-45　进入主相设置对话框

❖ 如图 5-46 所示，设置 Name 为 water，选择 Phase Material 为 water，单击 OK 按钮关闭对话框。

图 5-46 设置主相

❖ 采用相同的步骤设置 phase-2 为 air。

Step 8： Boundary Conditions 设置

❖ 如图 5-47 所示，右键选择模型树节点 Boundary Conditions → top，选择弹出菜单项 Type → Pressure Inlet，弹出 Pressure Inlet 设置对话框，采用默认设置。

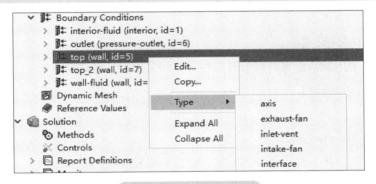

图 5-47 修改边界类型

❖ 如图 5-48 所示，右键选择节点 Boundary Conditions → top → air，单击弹出菜单项 Edit...，在弹出的对话框中设置 Multiphase 标签页下 Volume Fraction 为 1，表示该入口进入的全部为空气。

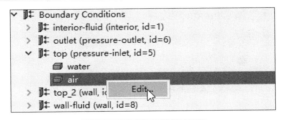

图 5-48 设置入口相

❖ 右键选择模型树节点 Boundary Conditions → top_2，选择弹出菜单项 Type → Pressure outlet，设置边界 top_2 的类型为 Pressure outlet，弹出的参数设置对话框中保持默认设置。

❖ 右键选择模型树节点 Boundary Conditions → top_2 → air，单击弹出菜单项 Edit...，在弹出的对话框中设置 Multiphase 标签页下 Volume Fraction 为 1。

❖ 其他边界条件保持默认设置。

Step 9: Methods 设置

❖ 双击模型树节点 Solution Methods，右侧面板中设置 Pressure-Velocity Coupling Scheme 为 PISO，如图 5-49 所示。

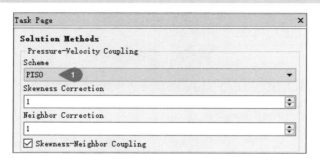

图 5-49 设置求解算法

Step 10: Controls 设置

初步计算时可采用默认设置。后续若存在计算收敛困难，可调整亚松弛因子。

Step 11: Monitors 设置

保持默认设置。

Step 12: Initialization 设置

这里初始化分为两步，首先全局初始化，之后采用 patch 设置水的存在。

❖ 双击模型树节点 Solution Initialization，右侧面板中选择 Standard Initialization，设置 Compute from 为 top，确保下方初始值中 air Volume Fraction 参数值为 1。

❖ 单击 Initialize 按钮进行全局初始化。

Step 13: Mark 区域

将初始时刻有水的区域 Mark 出来，然后在初始化面板中进行 Patch。

❖ 选择主菜单 Setting Up Domain，选择工具选项 Mark/Adapt Cells Region...，弹出区域标记对话框，如图 5-50 所示。

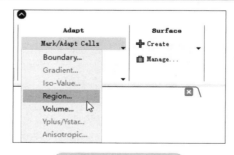

图 5-50 Mark 区域

❖ 设置 Input Coordinates 为（−0.02，−0.1），（0.3，0.28），单击按钮 Mark 进行标记，如图 5-51 所示。

❖ 采用相同的步骤标记另一个区域，采用坐标点为（0，−0.27），（0.62，−0.14），如图 5-52 所示。

图 5-51　Mark 上部区域

图 5-52　Mark 下部区域

Step 14： Patch 区域

❖ 双击模型树节点 Initialization，选择右侧面板中 Patch... 按钮。

❖ 如图 5-53 所示，在弹出的设置对话框中，选择 Phase 为 air，选择 Variable 为 Volume Fraction，设置 Value 为 0，选择 Registers to Patch 为前面标记的两个区域，单击 Patch 按钮进行区域初始化。

图 5-53　Patch 区域

❖ 单击 Close 按钮关闭对话框。

此时可以查看水相体积分数分布，如图 5-54 所示。

图 5-54　水相体积分数分布

Step 15：设置自动保存

❖ 双击模型树节点 Solution → Calculation → Activities → Autosave，在弹出的对话框中，设置 Save Data File Every(Time Steps) 为 10，如图 5-55 所示。

❖ 单击 OK 按钮关闭对话框。

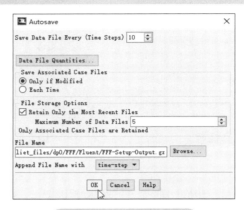

图 5-55　设置自动保存

Step 16：设置动画

❖ 双击模型树节点 Solution → Calculation Activities → Solution Animations，弹出如图 5-56 所示对话框，按图 5-56 中所示进行设置，单击 OK 按钮关闭对话框。

图 5-56　设置动画

Step 17：Run Calculation

❖ 双击模型树节点 Run Calculation，右侧面板中设置 Time Step Size 为 0.05s，设置 Number of Time Steps 为 1000。

❖ 设置 Max Iterations/Time Step 为 40。

❖ 单击 Calculate 按钮进行计算。

本实例计算时间较长，计算完毕后可进行后处理。后处理过程从略。

5.3 【实例3】离心泵空化计算

本实例利用 Fluent 中的 Mixture 多相流模型仿真计算离心泵内的空化情况。

5.3.1 实例描述

本实例离心泵几何模型如图 5-57 所示。工作过程中，离心泵入口总压 0.6MPa，出口静压 0.2MPa，叶轮旋转速度 1200 RPM。流体域内介质为液态水，其在当前工作条件下饱和蒸汽压为 3540Pa。

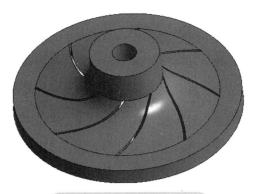

图 5-57 离心泵几何模型

5.3.2 Fluent 设置

Step 1：导入网格

❖ 启动 Fluent，选择 Double Precision 选项。

❖ 如图 5-58 所示，利用菜单 File → Import → CGNS → Mesh... 打开文件选择对话框，选择网格文件 ex5-3\pump Fluent cavitacion.cgns。

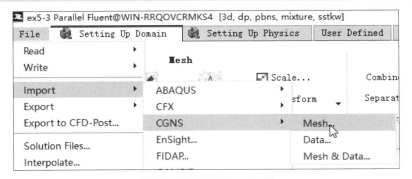

图 5-58 导入网格文件

> 💡 **说明**：多相流计算通常需要开启双精度模式。CGNS 是一种通用文件格式，可以存储网格和结果数据。

Step 2: General 设置

❖ 双击模型树节点 General。

❖ 单击右侧面板中的 Check 按钮检查网格，确保 TUI 窗口中没有错误或警告信息。

❖ 单击右侧面板按钮 Units... 弹出单位设置对话框，设置 angular-velocity 为 rpm, 如图 5-59 所示。

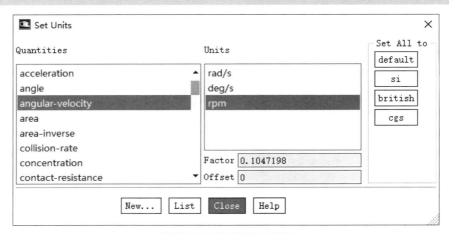

图 5-59　修改单位显示

Step 3: Models 设置

❖ 双击模型树节点 Models → Multiphase，弹出多相流模型设置对话框。

❖ 如图 5-60 所示，选择 Mixture 模型，取消选项 Slip Velocity，设置 Number of Eulerian Phases 为 2。

❖ 单击 OK 按钮关闭对话框。

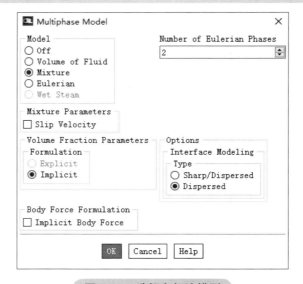

图 5-60　选择多相流模型

❖ 双击模型树节点 Models → Viscous，弹出模型选择对话框，如图 5-61 所示，选择 SST k-omega 模型。

❖ 单击 OK 按钮关闭对话框。

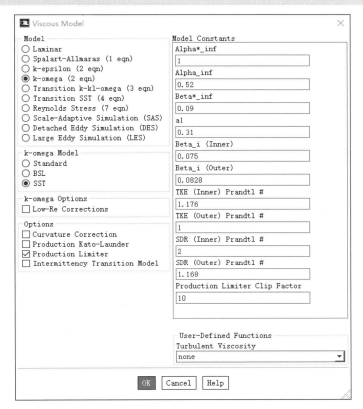

图 5-61 选择湍流模型

Step4: Materials 设置

从材料库中添加材料 water-liquid 及 water-vapor，材料参数保持默认设置。

Step 5: Phase 设置

设置 water-liquid 为主相，water-vapor 为第二相。

❖ 双击模型树节点 Models → Multiphase(Mixture) → Phase → phase-1-Primary Phase，弹出主相设置对话框。

❖ 设置 Name 为 water，选择 Phase Material 为 water-liquid。

❖ 单击 OK 按钮关闭对话框。

❖ 双击模型树节点 Models → Multiphase(Mixture) → Phase → phase-2-Secondary-Phase，弹出第二相设置对话框。

❖ 设置 Name 为 vapor，选择 Phase Material 为 water-vapor，其他参数保持默认设置，如图 5-62 所示。

❖ 单击 OK 按钮关闭对话框。

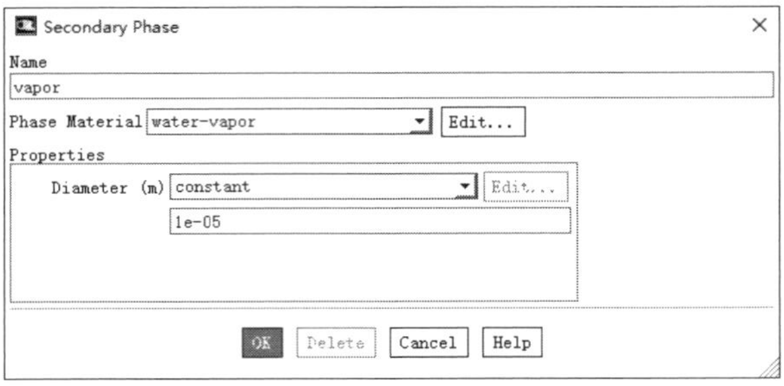

图 5-62　第二相设置

Step 6: Phase Interaction 设置

❖ 双击模型树节点 Model → Multiphase → Phase Interactions，弹出设置对话框。
❖ 如图 5-63 所示，设置 Number of Mass Transfer Mechanisms 为 1。
❖ 设置 From Phase 为 water，设置 To Phase 为 vapor。
❖ 选择 Mechanism 为 cavitation 弹出空化模型设置对话框。

图 5-63　设置质量传递

❖ 弹出的对话框中选择 Schnerr-Sauer 模型，设置水的饱和蒸气压为 3540Pa，如图 5-64 所示。
❖ 单击 OK 按钮关闭对话框。

图 5-64　设置空化模型

提示：Fluent 中除了图 5-64 所示的两种空化模型外，还隐藏了全空化模型 Singhal-et-al Cavitation model，该模型只能在 Mixture 多相流模型下使用。

Step 7: Cell Zone Conditions

❖ 如图 5-65 所示，右键选择模型树节点 Cell Zone Conditions → solid_1_1_solid，选择弹出菜单项 Type → fluid，弹出区域设置对话框。

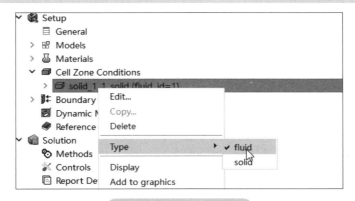

图 5-65　设置区域类型

❖ 如图 5-66 所示，激活选项 Frame Motion，设置 Rotational Velocity 为 1200rpm，设置 Rotation-Axis Direction 为（0，0，−1），如图 5-66 所示。

❖ 单击 OK 按钮关闭对话框。

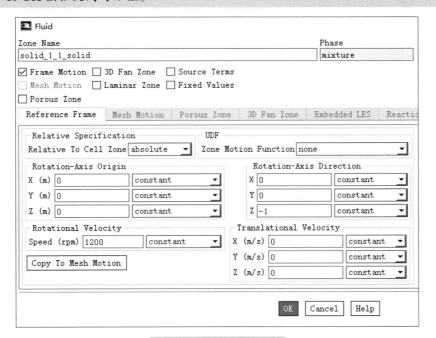

图 5-66　设置区域运动

注意：旋转方向采用右手定则确定。

Step 8: Boundary Conditions

1. inlet 设置

❖ 双击模型树节点 Boundary Conditions → inlet，弹出入口设置对话框。

❖ 采用如图 5-67 所示参数设置。

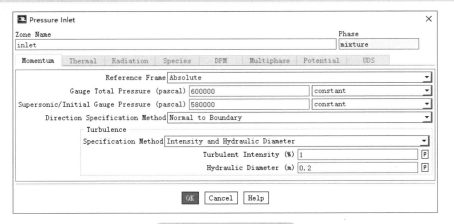

图 5-67　入口参数设置

2.outlet 设置

❖ 双击模型树节点 Boundary Conditions → outlet，弹出入口设置对话框。

❖ 采用如图 5-68 所示参数设置。

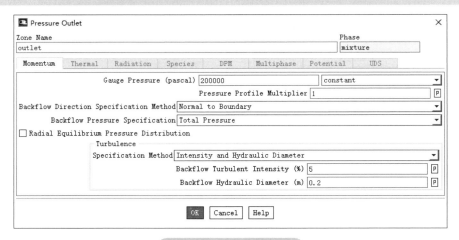

图 5-68　出口参数设置

3.fijo 边界设置

设置该边界为绝对静止。

❖ 双击模型树节点 Boundary Conditions → fijo，弹出设置对话框。

❖ 如图 5-69 所示，激活选项 Moving Wall，设置选项 Absolute 及 Rotational，并设置 Speed 为 0。

❖ 单击 OK 按钮关闭对话框。

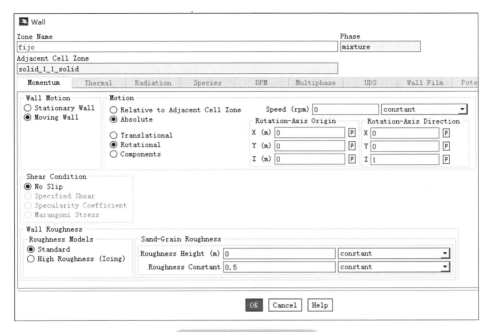

图 5-69　壁面边界设置

4.inf 边界设置

❖ 双击模型树节点 Boundary Conditions → inf，弹出设置对话框。

❖ 如图 5-70 所示，激活选项 Moving Wall，设置选项 Relative to Adjacent Cell Zone 及 Rotational，并设置 Speed 为 0。

❖ 单击 OK 按钮关闭对话框。

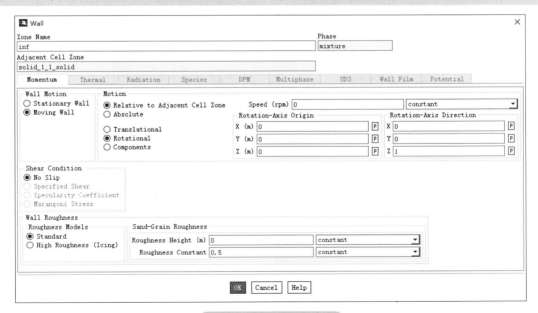

图 5-70　静止壁面设置

❖ 其他边界solid_1_1级sup边界采用与inf相同的边界条件，可以用copy来实现。

Step 9：Operating Conditions 设置

❖ 双击模型树节点 Boundary Conditions，单击右侧面板按钮 Operating Conditions...。

❖ 在弹出的对话框中设置 Operating Pressure 为 0，如图 5-71 所示。

单击 OK 按钮关闭对话框。

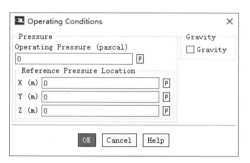

图 5-71 参考压力设置

Step 10：Initialization 设置

❖ 双击模型树节点 Initialization，右侧面板中选择初始化方法为 Standard Initialization，如图 5-72 所示。

❖ 选择 Compute from 为 inlet。

❖ 单击 Initialize 按钮进行初始化计算。

Solution Initialization

Initialization Methods
- ○ Hybrid Initialization
- ◉ Standard Initialization

Compute from

| inlet | ▼ |

Reference Frame
- ○ Relative to Cell Zone
- ◉ Absolute

Initial Values

Gauge Pressure (pascal)

| 580000 |

X Velocity (m/s)

| 0 |

Y Velocity (m/s)

| 0 |

Z Velocity (m/s)

| 6.330255 |

Turbulent Kinetic Energy (m2/s2)

| 0.006010819 |

Specific Dissipation Rate (1/s)

| 10.11063 |

| Initialize | Reset | Patch... |

| Reset DPM Sources | Reset Statistics |

图 5-72 初始化设置

Step 11： Run Calculation

❖ 双击模型树节点 Run Calculation。

❖ 右侧面板中设置 Number of Iterations 为 1200，如图 5-73 所示。

❖ 单击 Calculate 按钮开始计算。

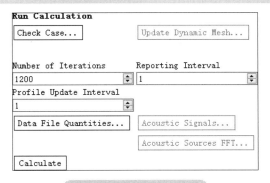

图 5-73　迭代参数设置

5.3.3　计算后处理

1. 查看压力分布

❖ 双击模型树节点 Results → Graphics → Contours，弹出新建 contours 对话框。

❖ 激活选项 Filled。

❖ 选择 Contours of 为 Pressure 及 Static Pressure，如图 5-74 所示。

❖ 下方 surface 列表中选择除 default_interior-1 外的所有表面，单击 Save/Display 按钮显示压力分布。

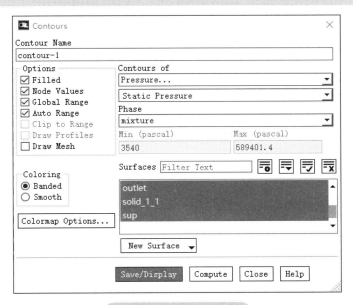

图 5-74　显示压力分布

压力分布云图如图 5-75 所示。

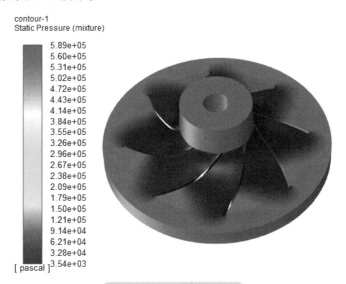

图 5-75　压力分布云图

背面压力分布云图如图 5-76 所示。

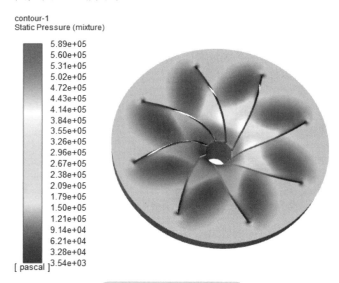

图 5-76　压力分布云图

2. 水蒸气分布

❖ 双击模型树节点 Results → Graphics → Contours，弹出新建 contours 对话框。

❖ 激活选项 Filled。

❖ 选择 Contours of 为 Phases… 及 Volume fraction，选择 Phase 为 vapor，如图 5-77 所示。

❖ 下方 surface 列表中选择除 default_interior-1 外的所有表面，单击 Save/Display 按钮显示压力分布。

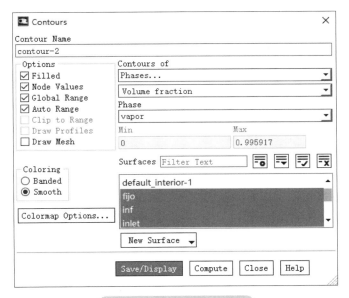

图 5-77　相分布参数设置

水蒸气分布云图如图 5-78 所示。

可以只显示叶片上水蒸气分布，如图 5-79 所示。

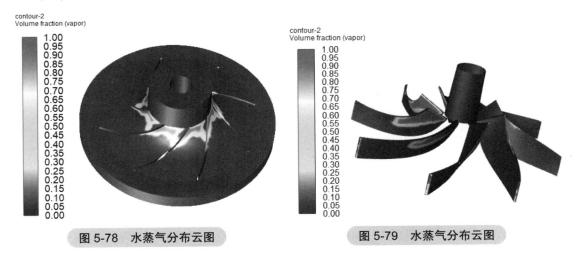

图 5-78　水蒸气分布云图　　　　　　　图 5-79　水蒸气分布云图

5.4 【实例 4】冲蚀

5.4.1　简介

本实例的目的在于演示如何使用 Fluent 软件模拟计算 3D 弯头中的冲蚀现象。冲蚀现象在工程应用中是一种非常普遍的现象。

本实例主要展示以下内容：

1）使用冲蚀模型分析 3D 弯头中的冲蚀现象。

2）使用离散相模型。

3）使用合适的求解参数求解实例。

5.4.2 问题描述

本实例的几何模型如图 5-80 所示。该模型由两个 90° 弯头及连接管道构成，介质水从 inlet 口进入，从 outlet 口流出。

1）水流入速度 10m/s，出口假设为 outflow 边界，在求解过程中考虑湍流、等温及稳态条件。

2）密度 1500kg/m³ 的颗粒从入口以初速度 10m/s 进入管道，颗粒直径为 200μm，质量流量 1kg/s。

3）颗粒在壁面上的法向及切向反弹系数定义为颗粒冲击角的多项式函数。在建立冲蚀模型时，冲击角函数被用于定义管道壁面的塑性冲蚀（不同的冲击角造成的管道壁面的损伤不同）。

4）本例中，颗粒的粒径函数定义为常数 1.8×10^{-9}，速度指数定义为常数 2.6，这些参数来自于公开的文献。

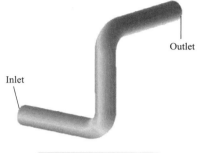

图 5-80 实例示意图

5.4.3 Fluent 设置

本实例采用已有的网格模型。

❖ 以 3D、Double Precision 模式启动 Fluent。

Step 1：网格检查

❖ 利用菜单 File → Read → Mesh... 读入网格文件 ex5-4\3d-elbow.msh。

❖ 双击模型树节点 General，右侧面板中单击 Scale 检查网格尺度，确保其与实际尺寸保持一致。

❖ 单击 Check 按钮检查网格及网格质量。

❖ 单击 Display... 按钮显示计算网格，如图 5-81 所示。

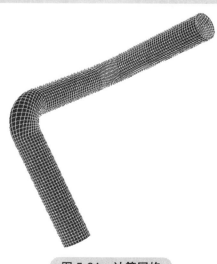

图 5-81 计算网格

Step 2: 模型设置

❖ 如图 5-82 所示，右键单击模型树节点 Models，选择弹出菜单项 Viscous → Realizable k-epsilon 添加 Realizable k-epsilon 湍流模型。

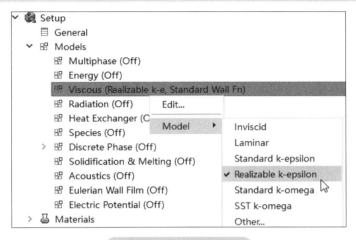

图 5-82 旋转湍流模型

❖ 双击模型树节点 Models → Discrete Phase(Off)，弹出如图 5-83 所示对话框。

❖ 激活 Interaction with Continuous Phase。

❖ 设置 DPM Iteration Interval 为 5。

❖ 设置 Max. Number of Steps 参数值为 50000。

💡 **说明**：将 Max.Number of Steps 的值设置为一个较大的值，可以确保颗粒在规定时间内追踪完成。

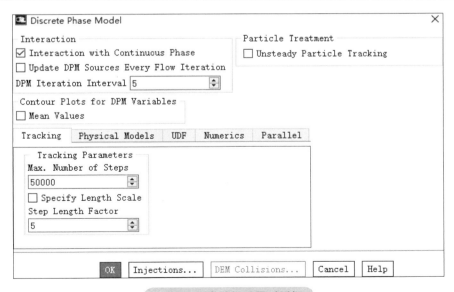

图 5-83 离散相设置对话框

❖ 进入 Physical Models 标签页，选择激活 Erosion/Accretion 选项，如图 5-84 所示。

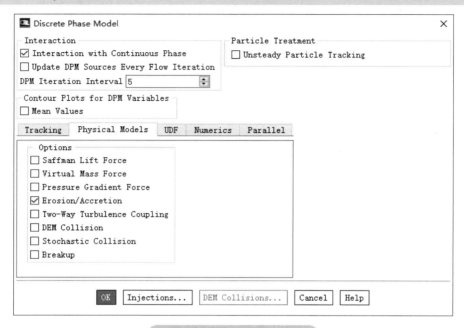

图 5-84 设置颗粒物理模型

Step 3: 材料设置

❖ 从材料数据库中添加液态水 water-liquid(h2o\)。

Step 4: 设定注入器

❖ 双击模型树节点 Models → Discrete Phase → Injections 打开颗粒注入器定义对话框，如图 5-85 所示。

图 5-85 设置颗粒注入器

❖ 单击图 5-85 中按钮 Create 创建注入器，弹出创建对话框，如图 5-86 所示。

❖ 在 Point Properties 标签页下：

设置 Injection Type 为 Surface

设置 Release From Surface 为 inlet

设置 Z-velocity 为 10

设置 Diameter 为 0.0002

设置 Total Flow Rate 为 1

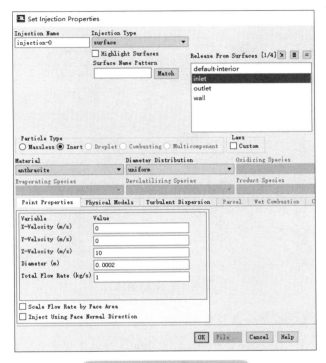

图 5-86　设置粒子注入属性

❖ 如图 5-87 所示，进入 Turbulent Dispersion 标签页下，激活 Discrete Random Walk Model，设置 Number of Tries 参数为 10，单击 OK 按钮关闭对话框。

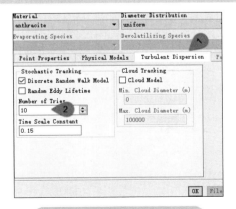

图 5-87　设置湍流分散参数

Step 5: 修改材料

❖ 双击模型树节点 Materials → Inert Particle → anthracite 弹出材料属性设置对话框，如图 5-88 所示。

❖ 修改 Name 为 sand，密度修改为 1500kg/m³。

❖ 单击 Change/Create 按钮确认更改。

❖ 单击 Close 按钮关闭对话框。

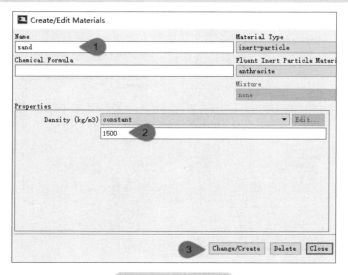

图 5-88　材料参数

Step 6: Cell zone Conditions 设置

❖ 双击模型树节点 Cell Zone Conditions → fluid，弹出计算域设置对话框，如图 5-89 所示，设置参数 Material Name 为 water-liquid。

❖ 单击 OK 按钮关闭对话框。

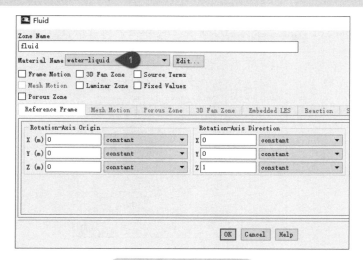

图 5-89　设置区域材料

Step 7：边界条件设置

边界条件中需要设置进出口及壁面边界条件。

1. inlet 入口设置

❖ 双击模型树节点 Boundary Conditions → inlet，弹出入口设置对话框，如图 5-90 所示。

❖ 设置 Velocity Magnitude 为 10m/s。

❖ 设置 Specification Method 为 Intensity and Hydraulic Diameter。

❖ 设置 Turbulent Intensity 为 5%。

❖ 设置 Hydraulic Diameter 为 0.05m。

❖ 单击 OK 按钮关闭对话框。

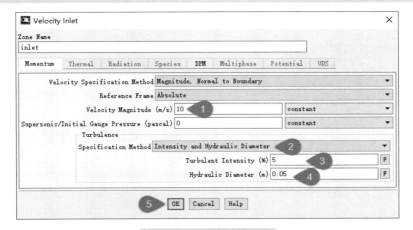

图 5-90　入口边界条件

2. 出口设置

❖ 右键选择模型树节点 Boundary Conditions → outlet，单击弹出菜单项 Type → outflow 设置出口边界 outlet 的边界类型为 outflow，如图 5-91 所示。

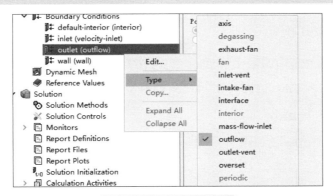

图 5-91　更改出口类型

提示：本实例采用 17.0 以后版本演示，改变边界类型的方式与早期版本有些许不同，这里使用右键单击边界，选择 Type，然后更改类型。

3. 壁面边界设置

本例的壁面边界 wall 中主要需要设置 DPM 标签页下的内容。

❖ 双击模型树节点 Boundary Conditions → wall 弹出壁面边界设置对话框。

❖ 切换至 DPM 标签页，如图 5-92 所示。

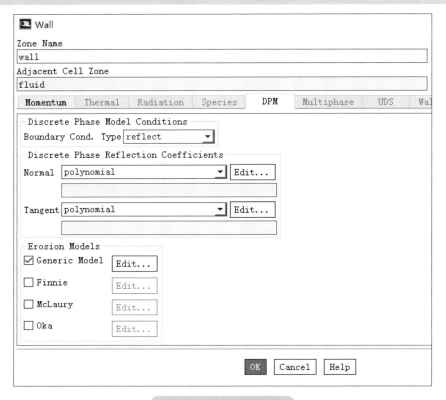

图 5-92　壁面边界条件

需要设置的内容：

❖ Normal：法向反弹系数。

$$\varepsilon_N = 0.993 - 0.0307\alpha + 4.75 \times 10^{-4}\alpha^2 - 2.61 \times 10^{-6}\alpha^3$$

单击 Normal 后方的 Edit... 按钮，定义方式如图 5-93 所示。

图 5-93　定义法向反弹系数

❖ Tangent：切向反弹系数。

本实例定义切向反弹系数为

$$\varepsilon_T=0.998-0.029\alpha+6.43\times10^{-4}-3.56\times10^{-6}\alpha^3$$

按如图 5-94 所示定义切向反弹系数。

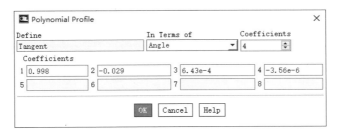

图 5-94　切向反弹系数设置

❖ 如图 5-92 所示，激活选项 General Model，单击后方 Edit... 按钮弹出通用冲蚀模型参数定义对话框如图 5-96 所示。

❖ Impact Angle Function：冲击角函数。冲击角函数采用分段线性方式进行定义，数据见表 5-1。

表 5-1　冲击角函数

Point	Angle	Value
1	0	0
2	20	0.8
3	30	1
4	45	0.5
5	90	0.4

采用图 5-95 所示方式的定义冲击角函数。

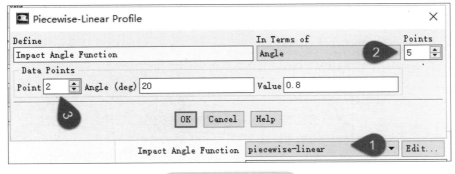

图 5-95　冲击角函数

❖ Diameter Function：粒径函数，本实例取 1.8e-9。
❖ Velocity Exponent Function：速度指数函数，本实例取 2.6，如图 5-96 所示。

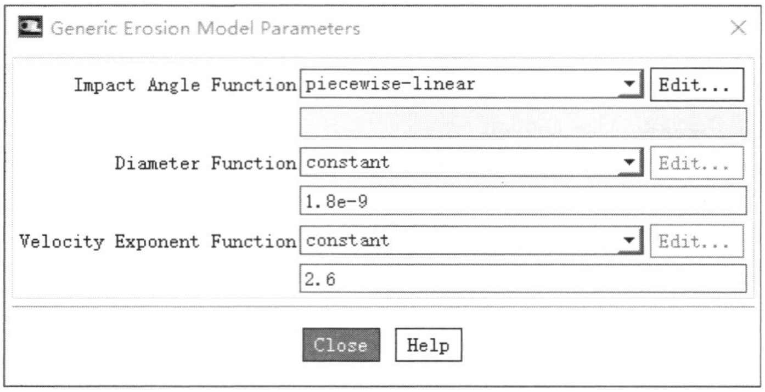

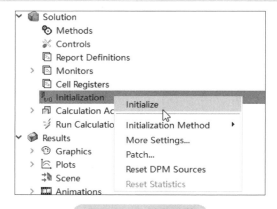

图 5-96 模型参数

Step 8: 初始化及计算

❖ 右键单击选择模型树节点 Initialization，单击弹出菜单项 Initialize 进行初始化，如图 5-97 所示。

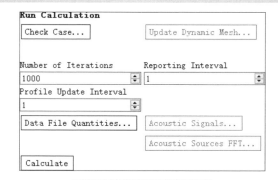

图 5-97 初始化计算

❖ 双击模型树节点 Run Calculation，在右侧面板中设置 Number of Iterations 为 1000，如图 5-98 所示。

❖ 单击 Calculate 按钮开始计算。

Run Calculation

| Check Case... | Update Dynamic Mesh... |

Number of Iterations   Reporting Interval
1000   1

Profile Update Interval
1

| Data File Quantities... | Acoustic Signals... |
| | Acoustic Sources FFT... |

| Calculate |

图 5-98 设置求解参数

5.4.4　计算后处理

1. 查看颗粒轨迹

❖ 双击模型树节点 Results → Particle Tracks。

❖ 如图 5-99 所示，设置 Color by 为 Particle Velocity Magnitude，设置 Track Style 为 coarse-cylinder，选择 Release from Injections 为 injection-0。

❖ 单击 Save/Display 按钮。

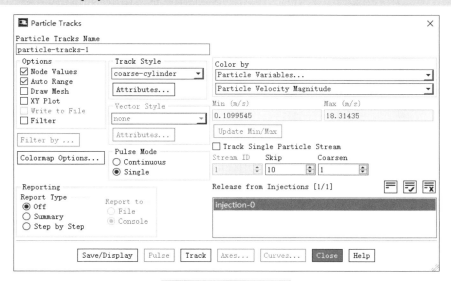

图 5-99　查看粒子轨迹

❖ 右键单击模型树节点 Scene，单击弹出菜单项 New... 新建 scene，如图 5-100 所示。

❖ 在弹出对话框中选择按钮 New Object → Mesh...，弹出设置对话框，如图 5-101 所示。

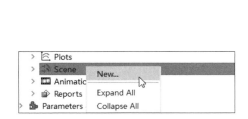

图 5-100　新建场景

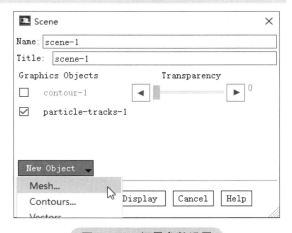

图 5-101　场景参数设置

❖ 按图 5-102 所示设置对话框，注意取消选项 Edge，单击按钮 Save/Display 及 Close。

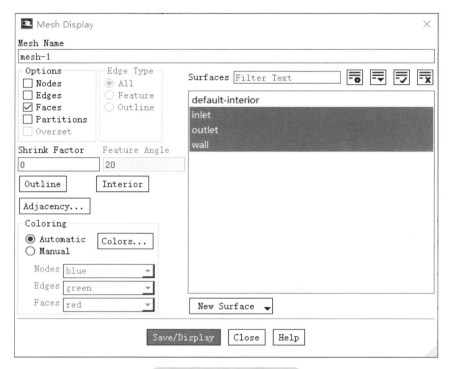

图 5-102　定义网格显示

❖ 回到 Scene 设置对话框，如图 5-103 所示，激活选项 particle-tracks-1 及 Mesh-1。

❖ 拖动滑块设置 mesh-1 的透明度为 70。

❖ 单击 Save & Display 按钮显示颗粒轨迹。

网格轨迹如图 5-104 所示。

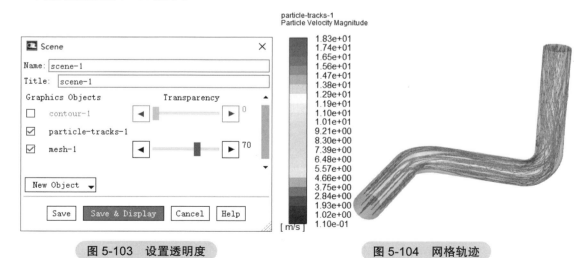

图 5-103　设置透明度　　　　　　　　　　图 5-104　网格轨迹

2. 查看壁面冲蚀率

❖ 双击模型树节点Results → Graphics → Contours，弹出设置对话框，如图 5-105 所示。

- ❖ 激活选项 Filled。
- ❖ 选择选项 Contours of 分别为 Discrete Phase Variables… 及 DPM Erosion Rate(Generic)。
- ❖ 选择 Surface 为 wall。
- ❖ 单击 Save/Display 按钮显示冲蚀率云图。

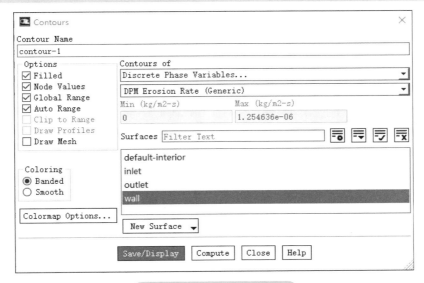

图 5-105　冲蚀率显示设置

冲蚀率分布云图如图 5-106 所示。

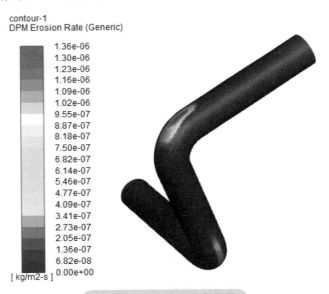

图 5-106　冲蚀率分布云图

💡 **提示**：若要在其他后处理软件中观察冲蚀情况，则需要通过菜单 File → Export → Particle History Data… 输出颗粒数据。

本实例采用的是通用冲蚀模型，此模型是 Fluent 中传统的冲蚀模型。在最近几个版本的 Fluent 中添加了新的冲蚀模型，如 Finnie、McLaury 及 Oka 模型等，建议读者自行尝试。Fluent 计算的只是颗粒轨迹及颗粒状态，至于壁面的冲蚀情况则是通过冲蚀模型得到的，这是一个经验模型，在实际工程应用中需要格外注意。

5.5 【实例 5】流化床

5.5.1 引言

DEM 碰撞模型扩展了 DPM 模型的功能，能够用于稠密颗粒流动的模拟。该模型可以与 DDPM（Dense DPM）模型合用以模拟颗粒对主相的阻碍作用，因此可以用于鼓泡流化床、提升管、气力输送系统以及泥浆流动。特别对于以下情况，DEM 模型特别有用：

1）当颗粒粒径分布很广时。

2）当计算网格相对粗糙时。

本实例演示 DDPM 模型的使用，其中颗粒碰撞通过 DEM 模型来考虑。

5.5.2 问题描述

本例中，我们将会模拟一个鼓泡流化床，并且决定其在给定表观速度情况下的工作行为。矩形床的尺寸为 0.2m × 0.2m × 0.4m，初始情况下预装了部分颗粒，表观速度 0.5m/s，检测穿过床层的压力降，示意图如图 5-107 所示。

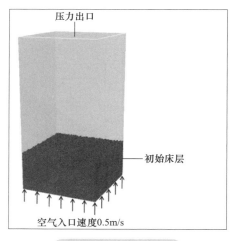

图 5-107   计算模型

对于经典的流化曲线，若流化床入口的表观速度较小，则流化床不会硫化，其行为类似填充床，当速度增加时，流化床开始流化。

一种理解该现象的经典方法即为流化曲线，此时入口能够驱动流体的压力需求是表观速度的函数。当处于填充床工况时，压力与表观速度的增加成正比，然而，当初期流化条件达到后，压力始终保持某一恒定值（时间平均）。至中处于流化条件的稳定压力足够维持流化床的浮重力。

在本例中，我们将对给定表观速度下的流化床流化过程进行仿真模拟。

5.5.3 前期准备

❖ 文件准备：拷贝 ex5-5\bed.msh、ex5-5\92Kparcels.inj 及 ex5-5\view-0.vw 文件到工作目录。

❖ 如图 5-108 所示，以 3D 模式、Double Precision 开启 Fluent。

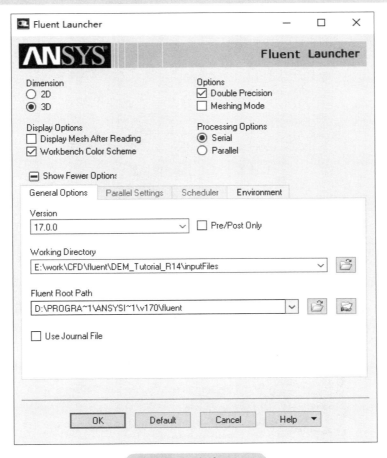

图 5-108　启动 Fluent

5.5.4 Fluent 前处理

Step 1：Mesh 设置

❖ 利用菜单 File → Read → Mesh… 读入网格文件 bed.msh。

Step 2：General 设置

❖ 单击右侧面板中的 Check 按钮，检查导入的网格，确保没有负体积的存在。

❖ 激活 Transient 选项采用瞬态计算。

❖ 激活 Gravity，设置重力加速度为 Z 方向 -9.81 m/s^2，如图 5-109 所示。

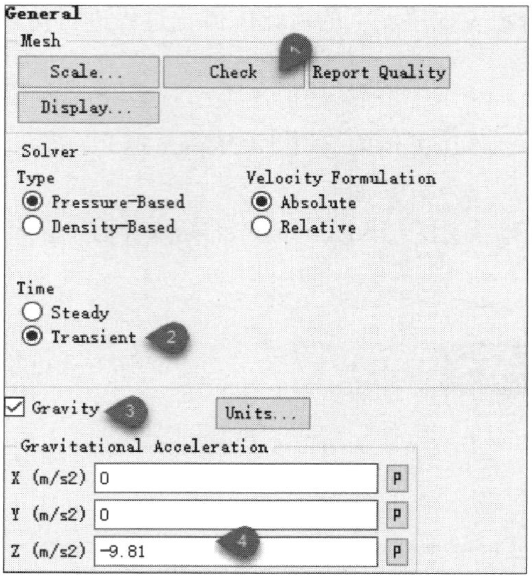

图 5-109　General 设置

: Models 设置

❖ 设置 DDPM 模型，按如图 5-110 所示进行设置。

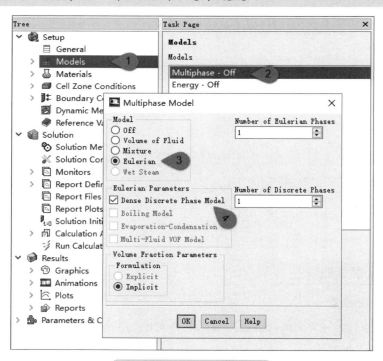

图 5-110　设置多相流模型

Step 4: DPM 模型设置

❖ 双击模型树节点 Models，双击右侧 Models 列表中的 Discrete Phase 弹出如下图 5-111

所示对话框，按图 5-111 所示进行设置。

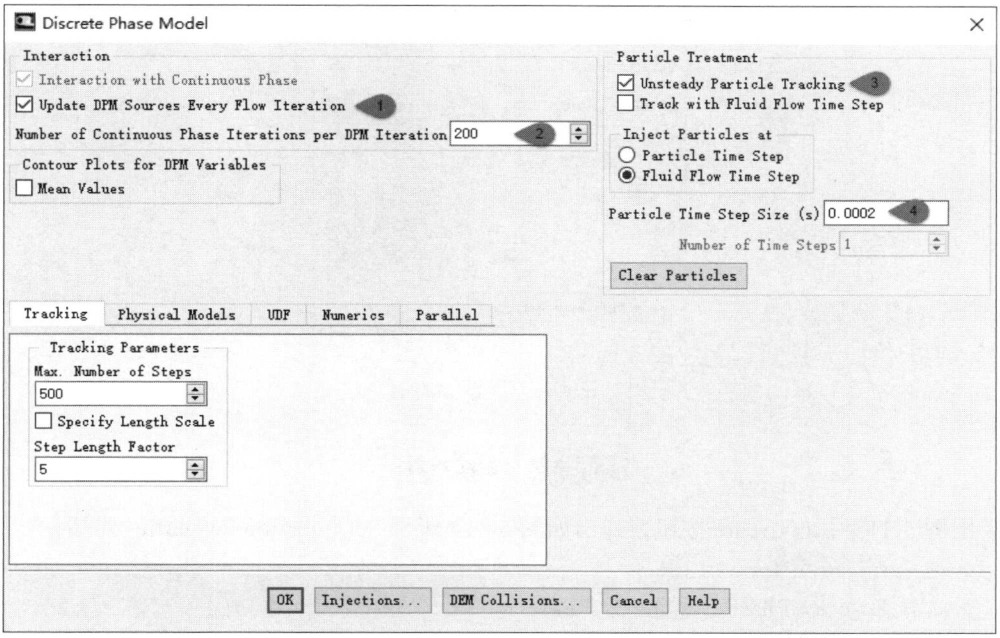

图 5-111　设置离散相模型

❖ 切换至 Physical Models 标签页，激活 DEM Collision 选项，如图 5-112 所示。

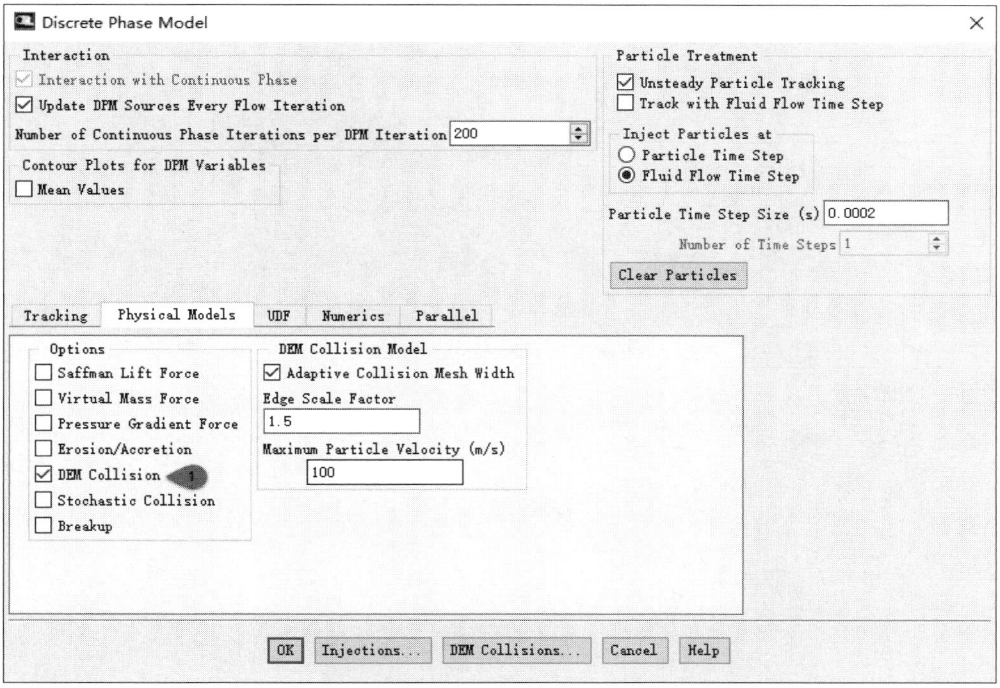

图 5-112　离散相参数设置

❖ 单击 Discrete Phase Model 对话框下方的 Injections... 按钮，弹出如图 5-113 所示对话框。

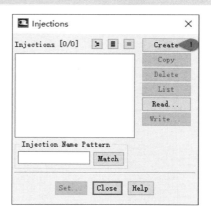

图 5-113　创建入射器

单击图 5-113 中的 Create 按钮，弹出如图 5-114 所示 Set Injection Properties 对话框。

❖ 选择 Injection Type 为 file。

❖ 选择 Discrete Phase Domain 为 Phase-2。

❖ 选择 DEM Collision Partner 为 dem-anthracite。

❖ 设置 Stop Time 为 1e-8。

❖ 单击 File... 按钮，在打开的文件选择对话框中选择文件 92Kparcels.inj。

❖ 切换至 Physical Models 标签页，设置 DragLaw 为 Wen-Yu。

❖ 单击 OK 按钮关闭对话框。

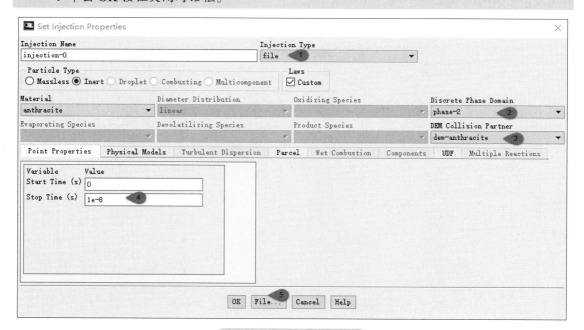

图 5-114　入射参数设置

返回至 Discrete Phase Model 对话框。

❖ 单击 Discrete Phase Model 对话框下方的 DEM Collisions... 按钮，弹出如图 5-115 设置对话框。

❖ 选择 dem-anthracite，单击 set... 按钮弹出图 5-116 所示对话框。

❖ 在图 5-116 所示对话框中选择 Collision Pairs 列表项中的 dem-anthracite-dem-aluminum，并按图 5-116 所示进行设置。

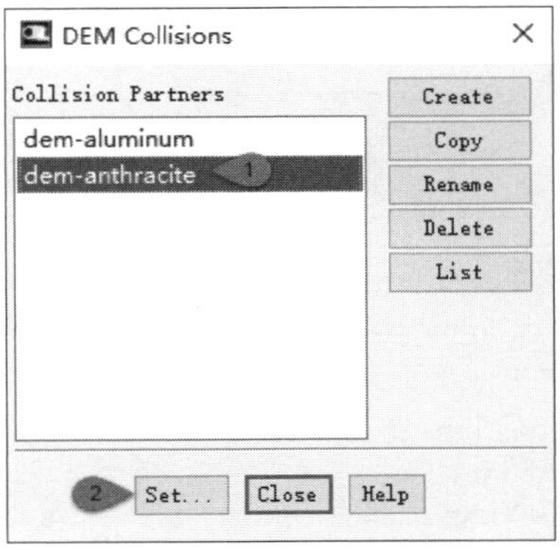

图 5-115 设置碰撞参数

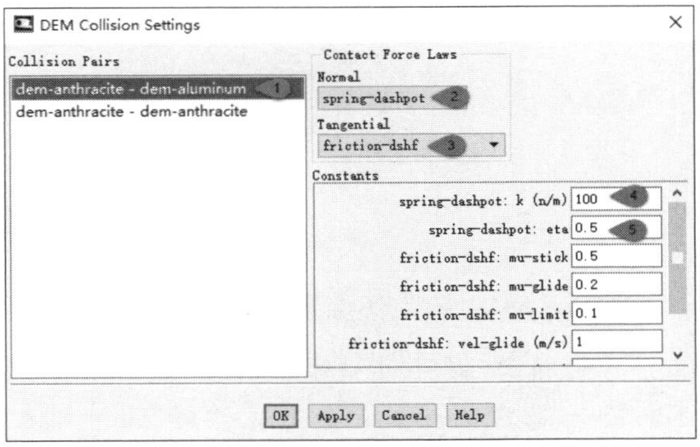

图 5-116 设置颗粒属性

❖ 选择列表项中的 dem-athracite - dem-anthracite，按图 5-117 所示设置。

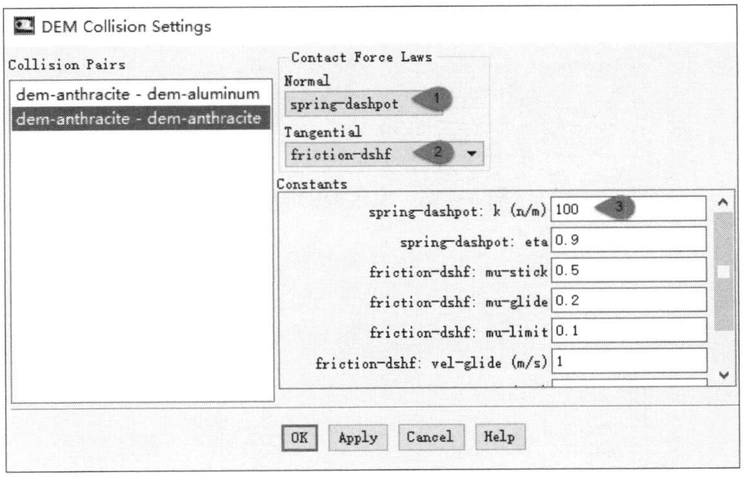

图 5-117 设置颗粒参数

❖ 单击 OK 按钮退出对话框。

Step 5： 设置操作压力

❖ 双击模型树节点 Cell Zone Conditions，在右侧面板中单击按钮 Operating Conditions..，按如图 5-118 所示进行设置。

图 5-118　操作压力设置

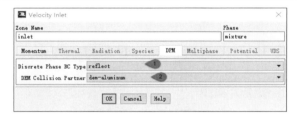

Step 6：边界条件设置

❖ 双击模型树节点 Boundary Conditions。

❖ 在右侧参数面板中，选择 Zone 列表框中选项 inlet，确保 Phase 下拉框选择项为 mixture，单击 Edit... 按钮弹出参数设置对话框，切换至 DPM 标签页，按如图 5-119 所示进行设置。

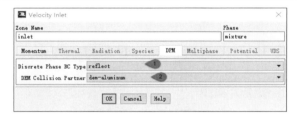

图 5-119　设置 DPM 条件

❖ 关闭 OK 按钮关闭对话框，返回至边界条件设置面板。

❖ 依然选择 inlet，设置 Phase 下拉框内容为 phase-1，单击 Edit... 按钮弹出图 5-120 所示参数设置对话框。设置 Velocity Magnitude 为 0.5，单击 OK 按钮关闭对话框。

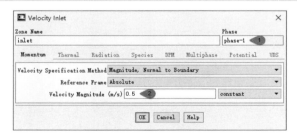

图 5-120　设置入口速度

❖ 设置 outlet 边界，采用类似的方法，设置 Mixture 类型，按如图 5-121 所示进行设置。

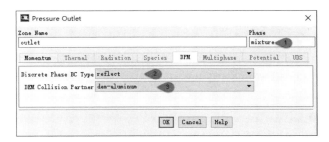

图 5-121 设置出口条件

Step 7: Solution Controls

❖ 双击模型树节点 Solution → Controls，右侧面板中设置亚松弛因子。

❖ Pressure: 0.9。

❖ Momentum: 0.2。

❖ Volume Fraction: 1。

❖ Discrete Phase Sources: 1。

Step 8: Monitors

❖ 双击模型树节点 Monitors，在右侧面板中单击 Surface Monitors 下方的 Create 按钮，在弹出的图 5-122 所示对话框中进行设置，单击 OK 按钮关闭对话框。

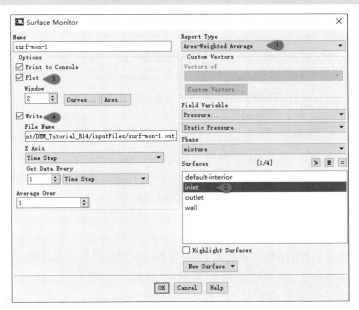

图 5-122 设置监测

Step 9: Solution Initialization

❖ 如图 5-123 所示，右键单击模型树节点 Initialization，单击弹出菜单项 Initialize 开始初始化。

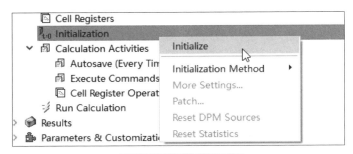

图 5-123 初始化计算

Step 10: Execute Commands

❖ 双击模型树节点 Calculation Activities，弹出图 5-124 所示命令设置对话框。

❖ 按如图 5-124 所示定义 4 个图形输出命令。

```
dis set-window 3
dis part-track part-track mixture part-vel-mag , , 0 0.5
dis view restore-vi view-0
dis save-pict pt-%f.tif
```

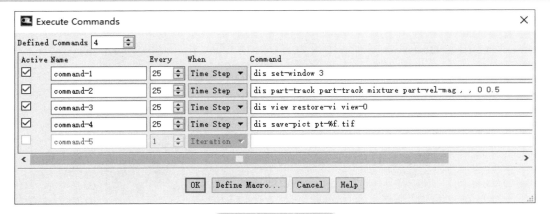

图 5-124 定义命令

Step 11: Run Calculation

❖ 双击模型树节点 Solution→Run Calculation，右侧面板中设置 Time Step Size 为 0.001，设置 Number of Time Steps 为 2000，设置 Report Interval 为 5。

❖ 单击 Calculate 按钮开始计算。

本实例后处理过程略。

第6章

反应流计算

6.1 【实例1】引擎着火导致气体扩散

本例计算汽车引擎着火形成的废气在一个通风良好的停车库中的扩散情况。假定燃烧已达到稳定状态,高温废气从汽车引擎盖中以稳定的流量向外部扩散,本例采用稳态计算。

6.1.1 问题描述

本例几何模型及边界条件如图6-1所示。

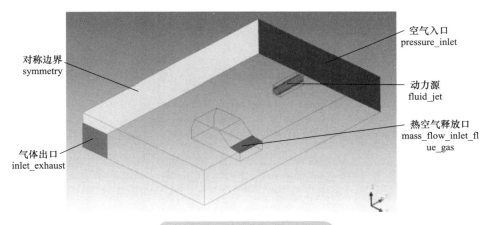

图6-1 几何模型及边界条件

对于图6-1中各边界条件及计算域条件:

1)混合气体包括 N_2、O_2、CO_2 和 H_2O。

2)气体出口 inlet_exhaust 为速度出口,其速度为6m/s。

3)fluid_jet 采用动量源80N/m^3。

4)采用 k-epsilon 湍流模型。

5)采用 DO 辐射模型。

6)空气入口温度为300K。

7)引擎内释放气体 H_2O 及 CO_2 温度1200K,质量流量0.1kg/s。

本例主要演示以下内容:

1)利用多组分传输模型计算气体扩散。

2)定义气体的辐射吸收系数。

3)为浮力驱动流动定义重力及操作条件。

4)定义体积源项。

6.1.2 Fluent 前处理

Step 1：启动 Fluent 并导入网格

❖ 以 3D、Double Precision 启动 Fluent。

❖ 选择菜单 File → Write → Mesh..，在文件选择对话框中选择 ex6-1\ex6-1.msh 文件。

❖ 选择菜单 File → Check，在命令输出窗口弹出网格检查结果，如图 6-2 所示，确保最小网格体积为正值。

```
Domain Extents:
  x-coordinate: min (m) = 1.000000e+01, max (m) = 2.000000e+01
  y-coordinate: min (m) = 3.000000e+00, max (m) = 1.800000e+01
  z-coordinate: min (m) = -3.673940e-16, max (m) = 2.500000e+00
Volume statistics:
  minimum volume (m3): 5.896661e-08
  maximum volume (m3): 1.748109e-02
    total volume (m3): 4.705135e+02
Face area statistics:
  minimum face area (m2): 2.510819e-05
  maximum face area (m2): 7.598690e-02
Checking mesh.........................
Done.
```

图 6-2　网格检查

Step 2：General 设置

❖ 双击模型树节点 General。

❖ 设置 Time 选项为 Steady。

❖ 激活 Gravity 选项。

❖ 设置重力加速度为 Z 方向 -9.81m/s^2，如图 6-3 所示。

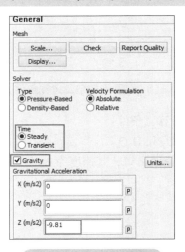

图 6-3　General 设置

Step 3：Models 设置

❖ 双击模型树节点 Models。

❖ 在右侧操作面板 Models 列表框中鼠标双击列表项 Energy，在弹出对话框中激活 Energy 模型，如图 6-4 所示。

图 6-4　激活能量方程

❖ 双击列表项 viscous，在弹出对话框中选择 Standard k-epsilon 湍流模型，采用 Enhance wall function。

❖ 双击列表项 Radiation，在弹出的设置对话框中选择 Discrete Ordinate(DO) 辐射模型，设置 Energy Iterations per Radiation Iteration 参数为 1，其他参数保持默认。

❖ 双击列表项 Species，在弹出的组分输运模型设置面板中选择选项 Species Transport，其他参数保持默认设置。

Step 4：Materials 设置

❖ 双击模型树节点 Materials。

❖ 从 Fluent 材料数据库中添加材料 carbon-dioxide(CO_2)、water-vapor、oxygen 以及 nitrogen。

❖ 在材料设置面板中双击列表项 mixture-template 进入混合材料定义对话框，单击 Mixture Species 右侧按钮 Edit...，进入组分定义对话框，如图 6-5 所示，确保选择的材料包括 H_2O、O_2、CO_2 及 N_2。单击 OK 按钮确认操作并关闭对话框。

❖ 修改材料参数 Thermal Conductivity、Viscosity 为 mass-weighted-mixing-law，设置 Absorption Coefficient 为 wsggm-domain-based。

❖ 新建固体材料 concrete，按如图 6-6 所示修改材料参数。

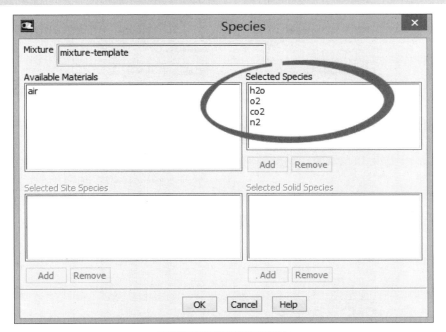

图 6-5　定义混合材料

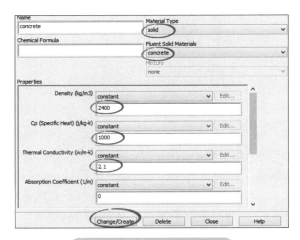

图 6-6　定义固体材料属性

Step 5：Cell Zone Conditions 设置

❖ 在 Cell Zone Conditions 中设置源项。

❖ 双击模型树节点 Cell Zone Conditions。

❖ 双击 zone 列表项 fluid_jet。

❖ 激活 Source Terms 选项。

❖ 在 Source Terms 标签页，单击 Y Momentum 右侧的 Edit… 按钮，在弹出的设置对话框中设置动量源 $-80N/m^3$，如图 6-7 所示。

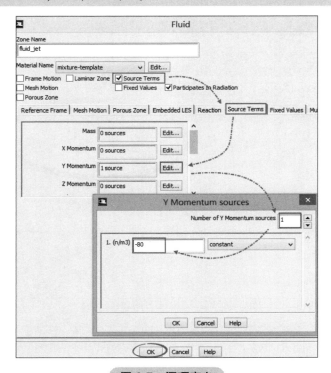

图 6-7　源项定义

Step 6：Boundary Conditions 设置

双击模型树节点 Boundary Conditions。

1. 设置 inlet_exhaust 边界

❖ 双击 zone 列表项 inlet_exhause，在弹出的边界条件设置对话框中进行如下设置。

❖ Momentum 标签页中，设置 velocity Magnitude 为 -6m/s。

❖ 设置 Turbulent Intensity 为 5%，设置 Turbulent Viscosity Ratio 为 5。

❖ 单击 OK 按钮确认边界条件，如图 6-8 所示。

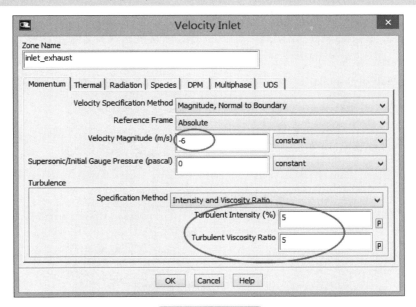

图 6-8　出口设置

2. 设置 pressure_inlet 边界

❖ 双击列表项 pressure_inlet，弹出该边界条件设置对话框。

❖ Momentum 标签页中保持默认设置，即总压为 0（环境大气），湍流强度 5%，湍流黏度比 5。

❖ Thermal 标签页中，设置 Total Temperature 为 293.15K。

❖ Radiation 标签页设置如图 6-9 所示。

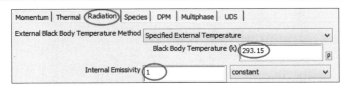

图 6-9　辐射设置

❖ Species 标签页中，设置 O_2 质量分数为 0.23，此时 Fluent 会自动计算 N_2 质量分数为 0.76，如图 6-10 所示。

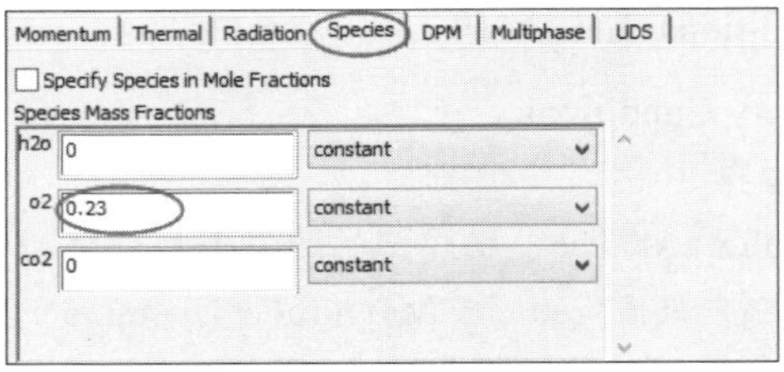

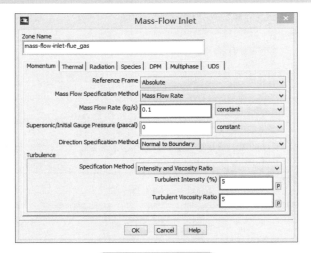

图 6-10　组分设置

3. 设置 mass-flow-inlet-flue_gas 边界

❖ 双击列表项 mass-flow-inlet-flue_gas，在弹出的边界条件对话框中进行如下设置。

❖ Momentum 标签页中，设置 Mass Flow Rate 为 0.1kg/s，设置 Direction Specification Method 为 Normal to Boundary，设置湍流强度为 5%，湍流黏度比为 5，如图 6-11 所示。

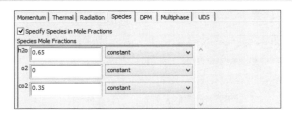

图 6-11　边界设置

❖ Thermal 标签页，设置 Total Temperature 为 1200K。

❖ 切换至 Species 标签页，激活选项 Specify Species in Mole Fractions，设置 H_2O 摩尔分数为 0.65，CO_2 的摩尔分数 0.35，如图 6-12 所示。

Momentum | Thermal | Radiation | Species | DPM | Multiphase | UDS
☑ Specify Species in Mole Fractions
Species Mole Fractions
h2o [0.65]　　constant
o2 [0]　　constant
co2 [0.35]　　constant

图 6-12　组分设置

❖ 单击 OK 按钮关闭边界设置。

4. 设置 wall 边界条件

❖ 双击边界列表项 wall，弹出边界条件设置对话框，按进行如图 6-13 所示进行设置。

❖ 进入 Thermal 标签页，选择 Temperature 项，设置 Temperature 为 300K，Internal Emissivity 为 0.9。

❖ 设置 wall Thickness 为 0.3m，激活选项 Shell Conduction。

❖ 选择 Material Name 下拉框选项为前方创建的固体材料 concrete。

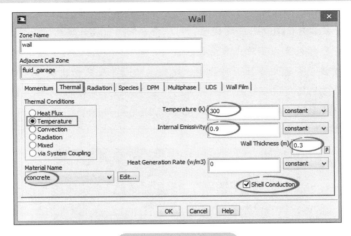

图 6-13　壁面设置

❖ 单击 OK 按钮确认参数设置并关闭对话框。

5. 其他 wall 边界设置

由于其他壁面边界条件参数与 wall 边界相同，因此这里采用复制的方式进行设置。

❖ 单击设置面板中的 Copy... 按钮，弹出边界复制对话框，如图 6-14 所示。

❖ From Boundary Zone 中选择边界 wall。

❖ To Boundary Zones 中选择 wall_celling 及 wall_floor。

❖ 单击 Copy 按钮完成边界条件复制。

图 6-14　边界复制

Step 7: Operating Condition 设置

❖ 单击边界条件设置面板中的按钮 Operating Conditions...，弹出操作条件设置对话框，如图 6-15 所示。

❖ 激活选项 Gravity，设置重力加速度为 Z 方向 -9.81m/s^2。

❖ 设置 Operating Temperature 为 288.16K。

❖ 激活选项 Specified Operating Density，设置操作密度为 1.1989kg/m³。

小技巧：

1）ANSYS Fluent 通过使用相对压力（绝对压力与操作压力的差值）避免产生舍入误差。因此对于计算域内压力变化较小的情况，可以将操作压力设置为接近边界值。

2）操作温度仅用于 Boussinesq 密度模型，因此在本例中，操作温度的设置没有任何意义。

3）操作密度的作用也是为了防止产生舍入误差。对于存在压力边界条件的仿真模型中，正确设置操作压力非常重要，否则边界压力可能会出现错误从而导致非物理流动。此处所设置的密度值为压力入口气体在 293.15K 情况下的数值，其中包含 23% 的 O_2 与 67% 的 N_2。读者可以先进行初始化然后在后处理器中获取操作密度值（利用 Report > Volume Integral）。

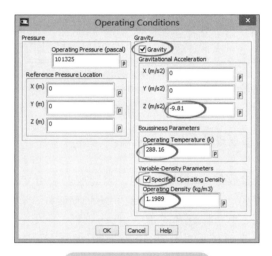

图 6-15　操作条件设置

Step 8： Solution Methods 设置

❖ 双击模型树节点 Solution → Methods。

❖ 设置 Pressure 项为 Body Force Weight，设置 Energy 项为 Second Order Upwind，如图 6-16 所示。

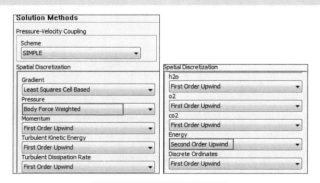

图 6-16　求解方法设置

Step 9: Solution Controls 设置

❖ 双击模型树节点 Solution Controls，设置各变量的亚松弛因子。

其中，Pressure 设置为 0.3；Density 设置为 1；Body Forces 设置为 1；Momentum 设置为 0.7；Turbulent Kinetic Energy 设置为 0.5；Turbulent Dissipation Rate 设置为 0.5；Turbulent Viscosity 设置为 0.7；H_2O 设置为 1；O_2 设置为 1；CO_2 设置为 1；Energy 设置为 1；Discrete Ordinates 设置为 1。

如图 6-17 所示。

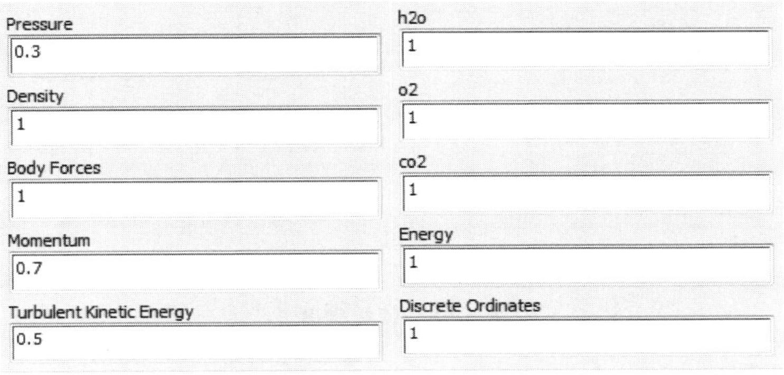

Pressure	h2o
0.3	1
Density	o2
1	1
Body Forces	co2
1	1
Momentum	Energy
0.7	1
Turbulent Kinetic Energy	Discrete Ordinates
0.5	1

图 6-17　亚松弛因子设置

Step 10: Monitors 设置

❖ 双击模型树节点 Monitors。

❖ 选择右侧设置面板中 Residuals 列表框中的 Residuals 列表项，单击 Edit... 按钮，弹出残差监视器设置对话框，在对话框中设置 Convergence Criterion 下拉框内容为 none。

> 提示：Convergence Criterion 下拉列表框默认选择项为 absolute，即在计算过程中当残差满足设置的残差标准时停止计算。当将该选项设置为 none 时，计算过程中不会利用残差标准作为计算停止的标准，而会将设定的迭代次数作为计算终止条件。

❖ 定义流量监视器。单击 Surface Monitors 下的 Create... 按钮，选择 Report Type 为 Mass Flow Rate，选择 Surface 列表框下的列表项 interior_jet_in，激活选项 Print to Console 及 Plot。单击 OK 按钮完成监视器定义。

❖ 定义壁面通量监视器。单击 Surface Monitors 下的 Create... 按钮，选择 Report Type 为 Integral，设置 Field Variable 为 Wall Fluxes...，设置 Surface 列表中的列表项 wall_floor，激活选项 Print to Console 及 Plot。单击 OK 按钮完成监视器定义。

> 小提示：对于类似本例中的浮力驱动流动问题通常表现为与时间相关的瞬态行为。因此，利用稳态求解器计算此类问题，其残差通常表现为振荡。基于此类原因，通常采用变量及通量监测的方式来判断收敛。

Step 11: Solution Initialization 设置

读者可以利用 Hybrid Initialization 或 Standard Initialization 进行初始化。本例采用手动输入初始值进行初始化。按如图 6-18 所示的参数进行初始化操作。

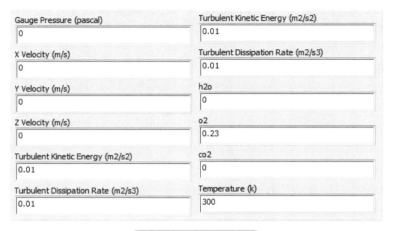

图 6-18　初始化设置

Step 12: Run Calculation 设置

双击模型树节点 Run Calculation，在右侧面板中设置迭代次数为 400，如图 6-19 所示，单击 Calculate 按钮进行迭代计算。

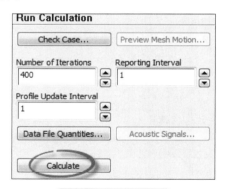

图 6-19　迭代参数

6.1.3　计算后处理

Step 1: 检查流量守恒

❖ 双击模型树节点 Reports，在右侧面板中 Reports 列表框中双击列表项 Fluxes。

❖ 在弹出的设置对话框中进行如图 6-20 所示设置。从图 6-20 中可以看出，流量净通量为 −0.0410343kg/s，说明计算并未完全收敛。读者可以尝试增加迭代次数进行改善。

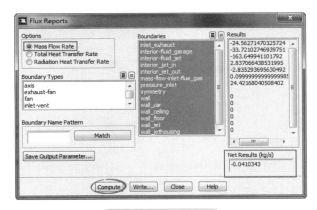

图 6-20　流量报告

Step 2：导出结果至 CFD-Post 中

读者可以将 Fluent 计算结果输出至 CFD-Post 中进行后处理。CFD-Post 能够提供更为专业的后处理效果。关于 CFD-Post 的内容，在后续的章节会有详细描述。

❖ 单击菜单 File → Export to CFD-Post…，弹出设置对话框。

❖ 在对话框中选择所有的变量，按图 6-21 所示进行设置。

图 6-21　输出至 CFD-Post

单击 Write… 按钮后会弹出文件存储对话框，读者可以自己命名 CFD-Post 处理文件。程序自动启动 CFD-Post 并自动载入数据。

Step 3：创建面组

为了显示所有壁面温度分布，由于存在多个 wall 面，读者可以先创建面组。

❖ 选择 Location → Surface Group，在面组命名中设置为 walls。

❖ 在属性定义面板中，设置 Location 为 wall、wall_car、wall_celling、wall_floor、wall_jet、wall_jethousing，如图 6-22 所示。

图 6-22　定义面组

❖ 进入 Color 标签页，如图 6-23 所示，设置 Variable 为 Temperature，设置 Range 为 Local，单击 Apply 按钮。

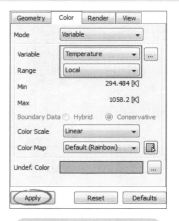

图 6-23　温度显示设置

壁面上温度显示如图 6-24 所示。

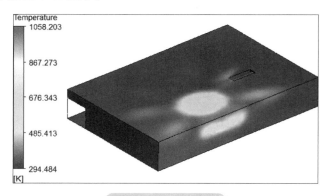

图 6-24　温度显示

Step 4： 创建 CO_2 体积分数等值面

❖ 单击 Location → Iso Surface，弹出的名称对话框中输入等值面名称 Gas。

❖ 按图 6-25 所示设置参数，单击 Apply 按钮显示 CO_2 质量分数等值面。

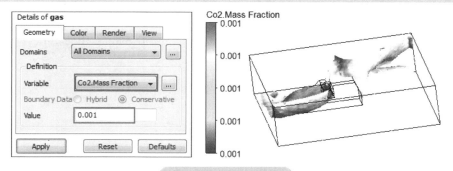

图 6-25　等值面显示

读者可以根据需要查看更多的后处理内容，如各不同截面上组分分布及统计等。

6.2 【实例2】锥形燃烧器燃烧模拟（有限速率模型）

6.2.1 实例简介

本例主要描述在 ANSYS Fluent 中利用有限速率模型进行燃烧化学反应问题求解。本例主要进行以下方面工作：

1）建立并求解甲烷 - 空气在锥形反应器中燃烧过程。

2）使用有限速率化学反应模型。

3）建立物理模型并进行求解。

4）计算结果数据后处理。

6.2.2 问题描述

如图 6-26 所示为锥形燃烧器模型，在中心区域包含有一个小的喷嘴，甲烷 - 空气混合气体从喷嘴中以速度 60m/s、温度 650K 喷入燃烧器中。燃烧过程中涉及的化学反应如下：

$$CH_4 + 1.5O_2 \rightarrow CO + 2H_2O$$
$$CO + 0.5O_2 \rightarrow CO_2$$
$$CO_2 \rightarrow CO + 0.5O_2$$
$$N_2 + O_2 \xrightarrow{CO} 2NO$$
$$N_2 + O_2 \rightarrow 2NO$$

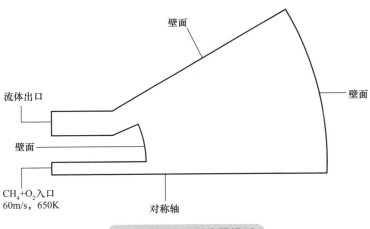

图 6-26 锥形燃烧器模型

6.2.3 Fluent 前处理

Step 1: 启动 Fluent 并读入网格文件

❖ 以 2D、Double Precision 方式启动 Fluent。

❖ 利用菜单 File → Read → Mesh…，在弹出的文件选择对话框中选择网格文件 ex6-2\ex6-2.msh。

❖ 利用菜单 Mesh → Check 检查网格，确保最小网格体积为正值。

❖ 单击菜单 Mesh → Scale...，在弹出的网格缩放对话框中检查网格模型尺寸，确保尺寸满足计算要求，本例网格模型无须缩放。

Step 2：General 设置

❖ 双击模型树节点 General。

❖ 设置 2D Space 为 Axisymmetric。由于本例采用的是轴对称模型，故选择此项。

❖ 其他参数保持默认设置。

Step 3：Models 设置

双击模型树节点 Models，在相应的面板中进行模型设置。本例主要设置能量模型、湍流模型及组分模型。

1. 激活 Energy 模型

❖ 双击列表项 Energy，弹出能量方程设置对话框。

❖ 在弹出的模型设置对话框中，激活 Energy Equation 选项。

2. 设置湍流模型

❖ 双击列表项 Viscous，进行黏性模型设置。

❖ 选择 Standard k-epsilon 湍流模型。

❖ 选择标准壁面函数 standard Wall Functions。

其他参数保持默认设置。

3. 设置组分模型

❖ 双击列表项 Species，弹出图 6-27 所示的组分传输模型设置对话框。

❖ Model 列表框中选择 Species Transport，选择激活选项 Volumetric。

❖ 在 Mixture Material 下拉列表框中选择 methane-air-2step。

❖ 选择 Turbulence-Chemistry Interaction 为 Finite-Rate/Eddy-Dissipation。

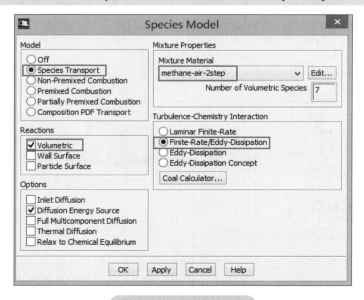

图 6-27 组分模型设置

❖ 单击 OK 按钮确认参数设置并关闭对话框。

Step 4：Material 设置

在材料设置中，需要定义混合组分及化学反应。双击模型树节点 Materials，在右侧面板中进行材料设置。

1. 添加组分

Fluent 的材料数据库中包含有 methane-air-2step，当读者选择了该混合材料之后，Fluent 会自动定义混合物组分。由于本例计算的是 5 步甲烷 - 氧气化学反应，因此需要添加 NO。

❖ 单击 Create/Edit... 按钮，进入材料创建 / 修改对话框。

❖ 单击对话框中按钮 Fluent Database...，设置 Material Type 为 fluid。

❖ 选择材料 nitrogen-oxide(no)，如图 6-28 所示。

❖ 单击 Copy 按钮添加材料，单击 Close 按钮关闭对话框。

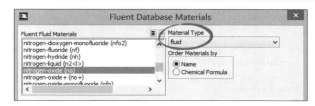

图 6-28 添加 NO

2. 添加组分 NO 至混合组分中

❖ 材料操作面板中，双击材料 methane-air-2step，弹出混合材料定义对话框。

❖ 单击面板中 Mixture Species 右侧按钮 Edit...，弹出组分定义对话框。

❖ 由于需要将 N_2 作为最终气体，故需要先移除 N_2，然后添加 NO，最后再添加 N_2，定义完毕后组分如图 6-29 所示。

图 6-29 组分定义

3. 定义化学反应

本例包括 5 个化学反应，需要读者手动添加。

❖ 单击 Create/Edit Materials 设置对话框中 Reaction 右侧对话框 Edit...，弹出化学反应定义对话框。

❖ 设置 Total Number of Reactions 为 5。

❖ 设置 ID 为 1，定义 ID 为 1 的化学反应。

❖ 设置 Number of Reactants 为 2，设置 Number of Products 为 2。即包含 2 个反应物和

2 个生成物。

❖ 定义 Reactants 为 CH_4 与 O_2，定义 Products 为 CO 与 H_2O，参数如图 6-30 所示。

❖ 定义 Pre-Exponential Factor 为 1.6596e15，Activation Energy 为 1.72e8。

❖ Mixing Rate 参数保持默认设置。

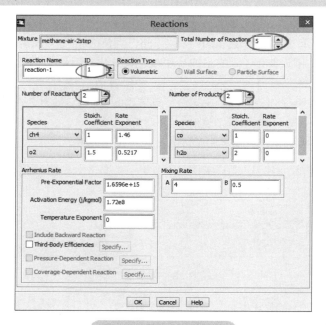

图 6-30　化学反应定义

❖ 单击 OK 按钮完成第一个化学反应定义。

其他化学反应定义见表 6-1。表 6-1 中 PEF 为指前因子（Pre-Exponential Factor），AE 为活化能（Activation Energy），TE 为温度因子（Temperature Exponent）。

表 6-1　化学反应定义

Reaction ID	1	2	3	4	5
Number of Reactants	2	2	1	3	2
Species	CH_4,O_2	CO,O_2	CO_2	N_2,O_2,CO	N_2,O_2
Stoich. Coefficient	CH_4=1 O_2=1.5	CO=1 O_2=0.5	CO_2=1	N_2=1 O_2=1 CO=0	N_2=1 O_2=1
Rate Exponent	CH_4=1.46 O_2=0.5217	CO=1.6904 O_2=1.57	CO_2=1	N_2=1 O_2=1 CO=0	N_2=1 O_2=1
Arrhenius Rate	PEF=1.6956e15 AE=1.72e8	PEF=7.9799e14 AE=9.654e7	PEF=2.2336e14 AE=5.177e8	PEF=8.8308e23 AE=4.4366e8	PEF=9.2683e14 AE=5.7276e8 TE=−0.5
Number of Products	2	1	2	2	1
Species	CO,H_2O	CO_2	CO,O_2	NO,CO	NO
Stoich Coefficient	CO=1 H_2O=2	CO_2=1	CO=1 O_2=0.5	NO=2 CO=0	NO=2

（续）

Reaction ID	1	2	3	4	5
Rate Exponent	CO=0 H_2O=0	CO_2=0	CO=0 O_2=0	NO=0 CO=0	NO=0
Mixing Rate	默认	默认	默认	A=1e11 B=1e11	A=1e11 B=1e11

Step 5：Boundary Conditions 设置

双击模型树节点 Boundary Conditions，进入边界条件设置面板。本例需要设置的边界包括入口 Velocity-inlet-5 与出口边界 Pressure-outlet-4。

1. 设置速度入口边界

❖ 选择 Zone 列表框中的列表项 velocity-inlet-5，单击 Edit... 按钮。

❖ 选择 Momentum 标签页，设置 Velocity Magnitude 为 60m/s，设置 Specification Method 为 Intensity and Length Scale，设置湍流强度为 5%，湍流长度尺度为 0.003m，如图 6-31 所示。

❖ 切换至 Thermal 标签页，设置 Temperature 为 650K。

❖ 切换至 Species 标签页，设置入口组分为 CH_4=0.034，O_2=0.225，如图 6-32 所示。

图 6-31 边界定义

图 6-32 入口组分设置

2. 设置压力出口边界

❖ 选择 Zone 列表框中列表项 Pressure-outlet-4，单击 Edit... 按钮弹出边界定义对话框。

❖ 在 Momentum 标签页中，设置 Specification Method 为 Intensity and Hydraulic Diameter，设置 Backflow Hydraulic Diameter 为 0.003m。

❖ 切换至 Thermal 标签页，设置 Backflow Total Temperature 为 2500K。

❖ 切换至 Species 标签页，设置出口位置各组分质量分数为：O_2=0.05，CO_2=0.1，H_2O=0.1。

❖ 单击 OK 按钮确认边界条件设置。

其他边界条件保持默认设置。

Step 6：冷态场计算

对于涉及复杂化学反应问题，可以先计算冷态场（即不计算化学反应，只是计算组分流场），然后在冷态场的基础上进行包含化学反应的计算。

1. 取消化学反应计算

❖ 双击模型树节点 Models，单击 Models 列表框中列表项 Species，进入组分输运模型设置对话框。

❖ 取消 Reactions 下方选项 Volumetric，单击 OK 按钮确认操作。

2. 设置亚松弛因子

❖ 双击模型树节点 Solution Controls，设置所有组分及 Energy 的亚松弛因子为 0.95。

3.Solution Initialization 设置

❖ 双击模型树节点 Solution Initialization。

❖ 利用 velocity-inlet-5 进行计算域初始化。

❖ 单击 Initialize 按钮完成初始化。

4.Run Calculation

❖ 单击模型树节点 Run Calculation。

❖ 设置 Number of Iterations 为 200，单击 Calculate 按钮进行计算。

Step 7：反应场计算

1. 激活化学反应模型

❖ 双击模型树节点 Models，在右侧的模型设置面板中选择列表项 Species，单击 Edit...按钮，弹出组分输运设置对话框。

❖ 选择激活选项 Volumetric。

2. 设置亚松弛因子

❖ 双击模型树节点 Solution Controls。

❖ 设置 Under-Relaxation Factors 为：Density=0.8，Momentum=0.6，Turbulent Kinetic Energy=0.6，Turbulent Dissipation Rate=0.6，Turbulent Viscosity=0.6，所有组分及 Energy 设置为 0.8。

3.Solution Initializations 设置

❖ 双击模型树节点 Solution Initialization。

❖ 单击 Patch... 按钮，按如图 6-33 所示进行操作，设置 fluid-6 初始温度为 1000K。

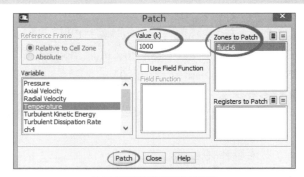

图 6-33　Patch 操作

4.Run Calculation 设置

❖ 双击模型树节点 Run Calculation。

❖ 设置迭代次数 Number of Iterations 为 500。

❖ 单击 Calculate 按钮进行迭代计算。

6.2.4 计算后处理

Step 1: 查看温度场分布

❖ 双击模型树节点 Graphics and Animations。

❖ 双击右侧设置面板中 Graphics 列表框中列表项 Contours，弹出 Contours 对话框。

❖ 激活选项 Filled。

❖ 设置 Contours of 下拉列表项为 Temperature... 及 Static Temperature。

❖ 单击 Display 按钮显示温度云图，如图 6-34 所示。

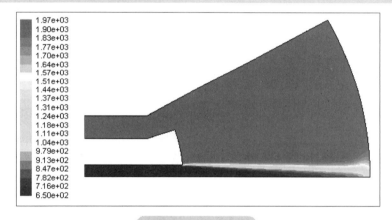

图 6-34 温度云图

Step 2: 显示各组分分布

按 Step1 相同的设置，选择 Contours of 为 Species，选择相应的组分进行设置，如图 6-35 所示。得到的甲烷和二氧化碳分布如图 6-36、图 6-37 所示。

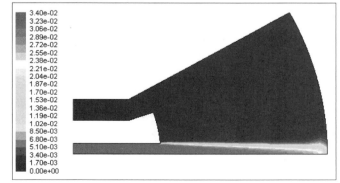

图 6-35 显示组分质量分数   图 6-36 甲烷分布

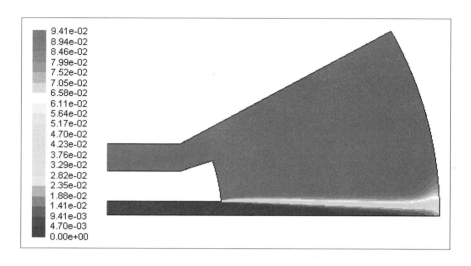

图 6-37　二氧化碳分布

6.3　【实例 3】锥形燃烧器燃烧模拟（Zimount 预混模型）

6.3.1　实例概述

本例采用实例 2 的网格模型，但对于燃烧的模拟采用预混燃烧模型（Zimount）。在本例中，使用绝热和非绝热预混燃烧模型。几何模型如图 6-38 所示。

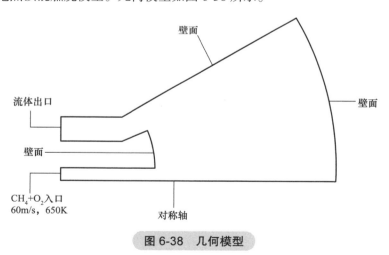

图 6-38　几何模型

甲烷 - 空气混合气体（当量比 0.6）以速度 60m/s、温度 650K 从燃烧器中心喷嘴进入燃烧器，燃烧产物从与之同心的环形出口流出。对于当量比为 0.6 的化学甲烷 - 氧气化学反应，可写为

$$CH_4+3.33(O_2+3.76N_2)=CO_2+2H_2O+1.33O_2+12.35N_2$$

因此可得预混气体混合性质见表 6-2。

表 6-2 预混气体属性

参数	参数值
空气质量流量（当量比 0.6）	457.6
1 摩尔燃料气的质量	13
燃料质量分数（%）	0.0338
燃烧热 /（J/kg）	3.84e7
绝热温度 /K	1950
临界应变率 /s^{-1}	5000
层流火焰速度 /（m/s）	0.35

6.3.2 Fluent 前处理

Step 1：启动 Fluent 并读入网格文件

❖ 以 2D、Double Precision 方式启动 Fluent。

❖ 利用菜单 File → Read → Mesh…，在弹出的文件选择对话框中选择网格文件 ex6-3\ex6-3.msh。

❖ 利用菜单 Mesh → Check 检查网格，确保最小网格体积为正值。

❖ 单击菜单 Mesh → Scale…，在弹出的网格缩放对话框中检查网格模型尺寸，确保尺寸满足计算要求，本例网格模型无须缩放。

Step 2：General 设置

❖ 双击模型树节点 General。

❖ 设置 2D Space 为 Axisymmetric。由于本例采用的是轴对称模型，故选择此项。

❖ 其他参数保持默认设置。

Step 3：Models 设置

双击模型树节点 Models，在相应的面板中进行模型设置。本例主要设置能量模型、湍流模型及组分模型。

1. 激活 Energy 模型

❖ 双击列表项 Energy，弹出能量方程设置对话框。

❖ 在弹出的模型设置对话框中，激活 Energy Equation 选项。

2. 设置湍流模型

❖ 双击列表项 Viscous，进行黏性模型设置。

❖ 选择 Standard k-epsilon 湍流模型。

❖ 选择标准壁面函数 standard Wall Functions。

其他参数保持默认设置。

3. 设置组分模型

❖ 双击列表项 Species，弹出如图 6-39 所示的组分传输模型设置对话框。

❖ Model 选项中选择 Premixed Combustion。

❖ 设置 Turbulent Flame Speed Constant 为 0.637。

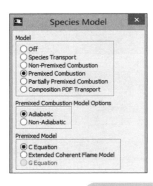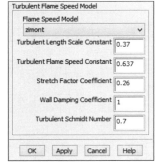

图 6-39　燃烧模型设置

其他参数保持默认设置，单击 OK 按钮完成参数定义并关闭对话框。

Step 4：Materials 设置

❖ 双击模型树节点 Materials。

❖ 右侧面板中单击按钮 Create/Edit...，进入材料编辑对话框，如图 6-40 所示。

❖ 设置 Name 为 premixed-mixture。

❖ 设置 Density 为 premixed-combustion。

❖ 设置 Adiabatic Unburnt Density 为 1.2。

❖ 设置 Adiabatic Unburnt Temperature 为 650K。

❖ 设置 Adiabatic Burnt Temperature 为 1950K。

❖ 设置 Laminar Flame Speed 为 0.35。

❖ 设置 Critical Rate of Strain 为 5000。

❖ 其他参数保持默认设置，单击 Change/Create 按钮修改材料属性。

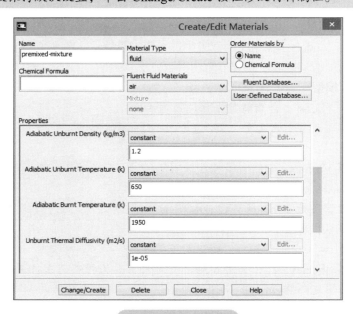

图 6-40　材料设置

❖ 当单击 Change/Create 按钮后，会弹出是否覆盖 air 材料的对话框，选择 No 保留 air。

Step 5：Cell Zone Conditions 设置

❖ 双击模型树节点 Cell Zone Conditions，在右侧设置面板中 Zone 列表框中选择列表项 fluid-6，单击按钮 Edit...。

❖ 在弹出的对话框中设置 Material Name 为上一步创建的材料 premixed-mixture，如图 6-41 所示。

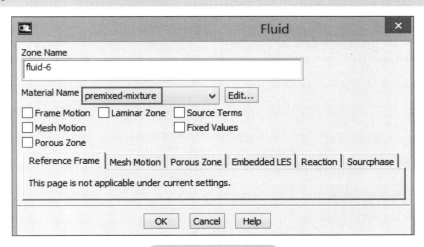

图 6-41 计算域设置

Step 6：Boundary Conditions 设置

1. 入口边界设置

❖ 双击模型树节点 Boundary Conditions，在右侧设置面板 Zone 列表框中选择列表项 velocity-inlet-5，单击 Edit... 按钮，弹出设置对话框，如图 6-42 所示。

❖ 设置 Velocity Magnitude 为 60。

❖ 设置 Specification Method 为 Intensity and Hydraulic Diameter，设置 Turbulent Intensity 为 10%，设置 Hydraulic Diameter 为 0.003。

❖ 切换至 Species 标签页，确认 Progress Variable 为 0。该参数为 0 则表示未反应，1 表示已反应。

❖ 单击 OK 按钮确认参数设置并关闭对话框。

2. 出口边界条件设置

❖ 选择 Zone 列表框中列表项 pressure-outlet-4，单击 Edit... 按钮弹出边界设置对话框。

❖ 设置 Specification Method 为 Intensity and Hydraulic Diameter，设置 Backflow Hydraulic Diameter 为 0.003。

❖ 单击 Species 标签页，设置 Backflow Progress Variable 参数值为 1。

❖ 单击 OK 按钮确认参数设置并关闭对话框。

3. 其他边界条件设置

其他边界均采用默认设置。

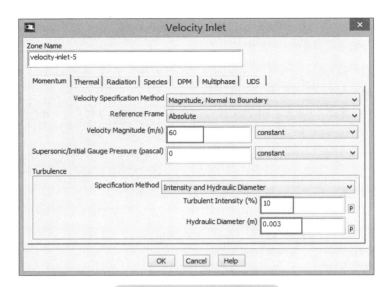

图6-42 入口边界条件设置

1.Solution Controls 设置

❖ 双击模型树节点 Solution Controls，选择 Equations… 按钮，弹出如图6-43所示对话框。

❖ 取消对方程 Premixed Combustion 的选择，单击 OK 按钮确认操作。

2.Solution Initialization 设置

❖ 双击模型树节点 Solution Initialization。

❖ 在右侧设置面板中进行如图6-44所示设置，Compute from 下拉框中选择 all-zones，单击 Initialize 按钮进行初始化。

图6-43 方程选择

图6-44 初始化设置

3.Run Calculation 设置

❖ 双击模型树节点 Run Calculation。

❖ 设置 Number of Iterations 为 250，单击 Calculate 按钮进行计算。

❖ 待计算完毕后，激活预混燃烧方程计算。

4.Solution Controls 设置

❖ 双击模型树节点 Solution Controls，单击右侧面板中的 Equations… 按钮。

❖ 选择所有方程，确保选择了 Premixed Combustion 方程。

❖ 单击 OK 按钮关闭对话框。

5.Solution Initialization 设置

❖ 双击模型树节点 Solution Initialization，在右侧面板中单击按钮 Patch。
❖ 在弹出的对话框中进行如图 6-45 所示设置，设置 fluid-6 的 Progress Variable 为 1。

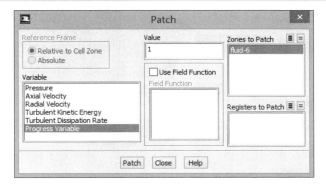

图 6-45　Patch 计算域

6.Run Calculation 设置

❖ 双击模型树节点 Run Calculation。
❖ 单击 Calculate 节点进行计算。

6.3.3　计算后处理

Step 1：查看过程变量

❖ 双击模型树节点 Graphics and Animations。
❖ 在右侧面板中 Graphics 列表框中选择列表项 Contours，单击按钮 Set Up…。
❖ 在弹出的对话框中，激活选项 Filled，如图 6-46 所示。
❖ 设置 Contours of 为 Premixed Combustion… 及 Progress Variable。
❖ 单击 Display 按钮显示过程变量云图，如图 6-47 所示。

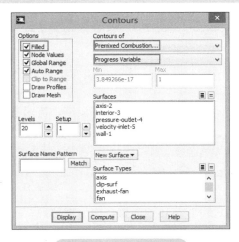

图 6-46　后处理设置

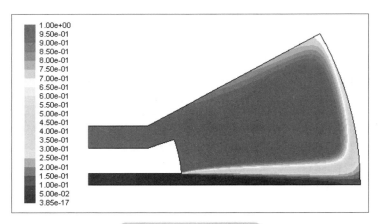

图 6-47 过程变量云图

Step 2：查看速度矢量

> ❖ 双击模型树节点 Graphics and Animations。
> ❖ 在右侧面板中 Graphics 列表框中选择列表项 Vectors，单击按钮 Set Up…。
> ❖ 在弹出的对话框中，设置 Scale 参数为 10。
> ❖ 其他参数保持默认设置，单击 Display 按钮进行显示。

速度矢量分布如图 6-48 所示。

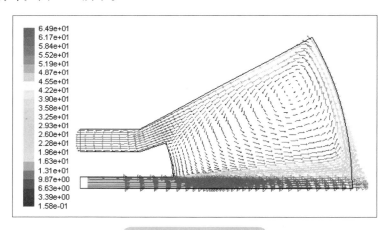

图 6-48 速度矢量分布

读者可采用类似的方式显示其他后处理内容，如温度、流函数等，这里不再赘述。

> 💡 **小提示**：采用预混燃烧模型无法获取组分分布，由于混合燃料在进入燃烧器之前即在分子水平
> 进行混合，因此可将其当作单组分气体对待。Fluent 求解预混燃烧模型的核心在于求解过程变量。

关于此例，读者可以尝试进行非绝热预混燃烧模型求解。

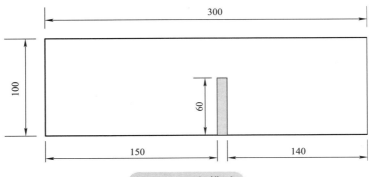

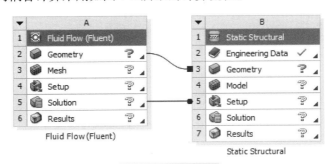

第7章 7

耦合场计算

7.1 【实例1】流体域中挡板受力计算

本实例利用单向耦合方法计算流体域中的固体挡板在流体压力作用下的应力应变分布。计算中由于挡板变形较小，因此忽略挡板变形对流体流动的影响。

7.1.1 实例描述

本实例要计算的模型如图 7-1 所示（单位为 mm），其三维拉伸厚度为 50mm。

图 7-1 几何模型

流动区域内存在一个高度 60mm、宽 10mm、厚度 50mm 的金属挡板，采用流固耦合方法计算挡板在流体作用下的应力分布。

Workbench 单向耦合计算采用如图 7-2 所示的计算流程。

图 7-2 计算流程

7.1.2 几何模型

本实例计算模型在图 7-2 A2 单元格中利用 SCDM 创建，如图 7-3 所示。

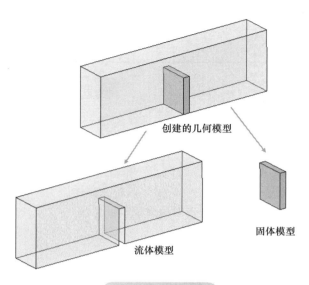

图 7-3　计算模型

> 💡 **提示**：在 A2 单元格中同时创建固体模型和流体模型，之后在 A3 单元格中去除固体几何，在 Static Structural 模块 B3 单元格中去除流体几何，这样能保证流体和固体几何的一致。

7.1.3　流体模块设置

流体计算模块包含网格划分、计算参数设置以及计算后处理。

1. 网格划分

本实例流体区域采用扫掠方法划分计算网格。

Step 1：去除固体几何

❖ 双击图 7-2 A3 单元格进入流体网格划分模块。

❖ 如图 7-4 所示，右键选择模型树节点 Geometry → FFF\Solid，单击弹出菜单项 Suppress Body 去除固体部分几何。

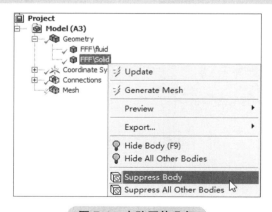

图 7-4　去除固体几何

Step 2: 插入扫掠方法

❖ 右键单击模型树节点 Mesh，选择弹出菜单项 Insert → Method，如图 7-5 所示。

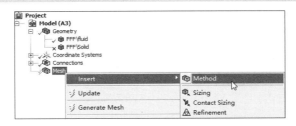

图 7-5 插入网格方法

❖ 左下方属性窗口中如图 7-6 所示设置 Geometry 为流体域 3D 几何模型，设置 Method 为 Sweep，设置 Src/Trg Selection 为 Manual Source，并在图形窗口中选择图 7-6 所示的面作为源面。

其他参数保持默认设置。

> 提示：手动设置源面及目标面，更有利于扫掠网格划分。虽然对于简单几何，软件能够自动决定源面及目标面，但对于复杂几何，还是建议手动指定。

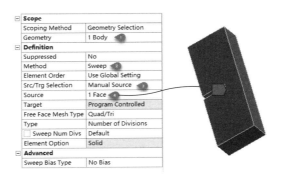

图 7-6 设置扫掠参数

Step 3: 插入网格尺寸

❖ 如图 7-7 所示，右键单击模型树节点 Mesh，选择弹出菜单 Insert → Sizing 插入网格尺寸控制。

图 7-7 插入尺寸

❖ 左下角属性设置窗口中，如图 7-8 所示，设置 Geometry 为计算域三维几何，设置 Element Size 为 2 mm，设置 Behavior 为 Hard。

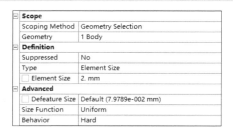

图 7-8　尺寸属性

❖ 如图 7-9 所示，右键单击模型树节点 Mesh，单击弹出菜单项 Generate Mesh 生成网格。

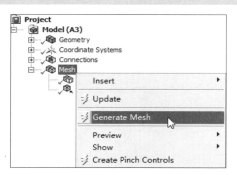

图 7-9　生成网格

最终生成全六面体的流体网格。

Step 4：命名边界

实例中包含入口、出口、对称及壁面边界等，如图 7-10 所示。

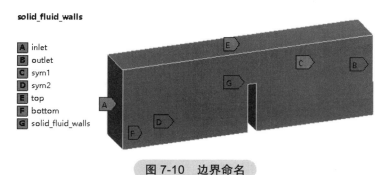

图 7-10　边界命名

注意：这里将两个侧面作为对称边界处理，顶部面和底部面作为壁面边界。特别需要注意的是流固耦合面的命名。

2.Fluent 设置

❖ 关闭 Meshing 模块，返回至 Workbench 工作界面。

❖ 如图 7-11 所示，右键单击 A3 单元格，单击弹出菜单项 Update 更新计算网格。

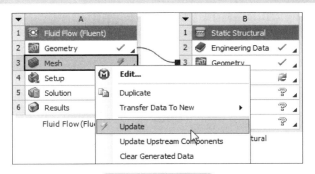

图 7-11 更新网格

❖ 双击 A4 单元格进入 Fluent。

Step 1: Models 设置

❖ 右键单击模型树节点 Models → Viscous，在弹出菜单中选择 Model → Realizable k-epsilon，如图 7-12 所示。

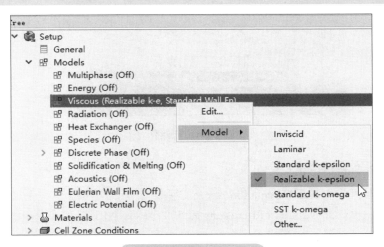

图 7-12 湍流模型设置

Step 2: Boundary Conditions 设置

设置入口速度为 20m/s，出口为压力出口，静压为 0。其他边界采用默认设置。

❖ 双击模型树节点 Boundary Conditions → inlet。

❖ 在弹出的边界设置对话框中，设置 Velocity Magnitude 为 20m/s，如图 7-13 所示。

❖ 设置 Turbulent Viscosity Ratio 为 5。

❖ 单击 OK 按钮关闭对话框。

其他参数保持默认设置。

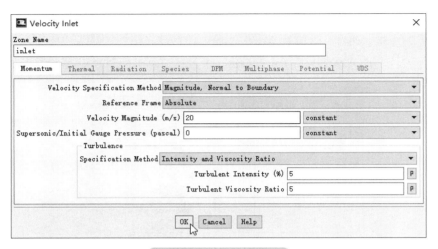

图 7-13　入口边界设置

Step 3：Initialization 设置

❖ 右键单击模型树节点 Initialization，选择弹出菜单项 Initialize 进行初始化，如图 7-14 所示。

图 7-14　初始化

Step 4：Run Calculation

❖ 双击模型树节点 Run Calculation。

❖ 右侧面板中设置 Number of Iterations 为 500，如图 7-15 所示。

❖ 单击按钮 Calculate 进行计算。

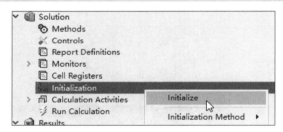

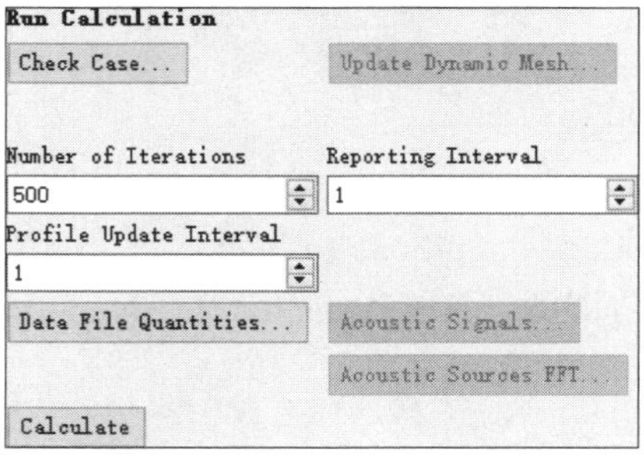

图 7-15　计算设置

计算完毕后可关闭 Fluent 返回至 Workbench 中。可进入 A6 单元格 Results 查看耦合面上压力分布，如图 7-16 所示。

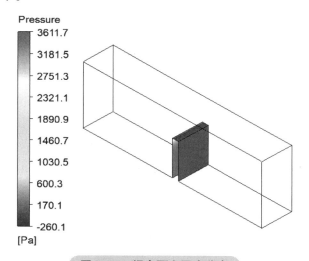

图 7-16 耦合面上压力分布

7.1.4 固体模块设置

❖ 双击 B4 单元格进入 Model 设置。

Step 1：几何处理

❖ 如图 7-17 所示，右键选择模型树节点 Geometry → FFF\fluid，单击弹出菜单项 Suppress Body，从而去除流体几何。

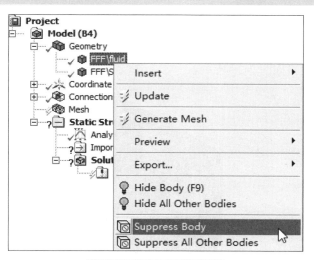

图 7-17 去除流体几何

Step 2：网格划分

❖ 如图 7-18 所示，右键单击模型树节点 Mesh，选择弹出菜单项 Insert → Sizing。

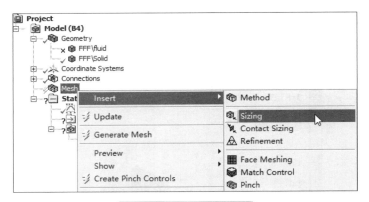

图 7-18　插入网格尺寸

❖ 如图 7-19 所示，设置 Geometry 为三维固体几何体。

❖ 设置 Element Size 为 2mm。

❖ 设置 Behavior 为 Hard。

其他参数保持默认设置。

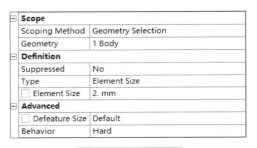

图 7-19　网格尺寸

❖ 右键单击模型树节点 Mesh，单击弹出菜单项 Generate Mesh 生成网格。

最终生成的计算网格如图 7-20 所示。

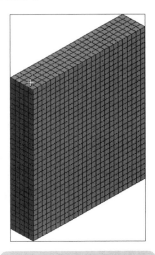

图 7-20　生成的计算网格

Step 3：插入对称条件

❖ 右键单击模型树节点 Model，如图 7-21 所示，选择弹出菜单 Insert → Symmetry，此时会在模型树上添加节点 Symmetry。

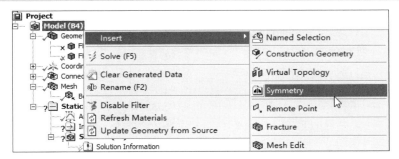

图 7-21 插入对称

❖ 右键单击模型树节点 Symmetry，如图 7-22 所示，选择弹出菜单项 Insert → Symmetry Region 插入对称区域。

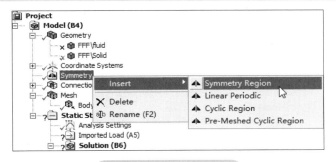

图 7-22 插入对称区域

❖ 如图 7-23 所示，在属性窗口中设置 Geometry 为两个侧边，设置 Symmetry Normal 为 Z Axis。

Scope	
Scoping Method	Geometry Selection
Geometry	2 Faces
Definition	
Scope Mode	Manual
Type	Symmetric
Coordinate System	Global Coordinate System
Symmetry Normal	Z Axis
Suppressed	No

图 7-23 设置区域

Step 4：设置约束

本实例的固体几何需要约束其底部。

❖ 右键单击模型树节点 Static Structural，如图 7-24 所示，选择弹出菜单 Insert → Fixed Support。

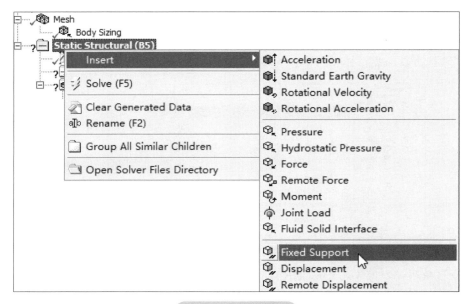

图 7-24　插入约束

❖ 在属性窗口中设置 Geometry 为底部几何面，如图 7-25 所示。

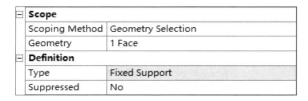

图 7-25　设置固定约束

Step 5: 导入外部力

将 Fluent 计算得到的壁面压力作为载荷加载到计算几何上。

❖ 如图 7-26 所示，右键单击模型树节点 Import Load，选择弹出菜单 Insert → Pressure 插入压力。

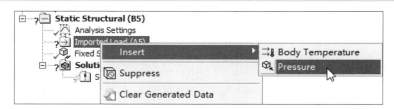

图 7-26　插入压力

❖ 设置 Geometry 为与流体几何重合的三个面。
❖ 设置 CFD Surface 为 solid_fluid_walls 面，如图 7-27 所示。
其他参数保持默认设置。

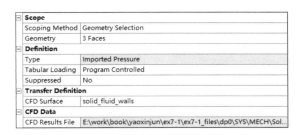

Scope	
Scoping Method	Geometry Selection
Geometry	3 Faces
Definition	
Type	Imported Pressure
Tabular Loading	Program Controlled
Suppressed	No
Transfer Definition	
CFD Surface	solid_fluid_walls
CFD Data	
CFD Results File	E:\work\book\yaoxinjun\ex7-1\ex7-1_files\dp0\SYS\MECH\Sol...

图 7-27　设置压力插入参数

❖ 右键单击模型树节点 Import Load，单击弹出菜单项 Import Load 导入流体压力。此时可通过单击模型树节点 Import Pressure 查看导入的流体压力，如图 7-28 所示。

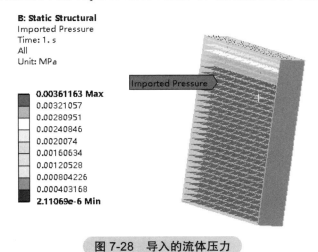

B: Static Structural
Imported Pressure
Time: 1. s
All
Unit: MPa

0.00361163 Max
0.00321057
0.00280951
0.00240846
0.0020074
0.00160634
0.00120528
0.000804226
0.000403168
2.11069e-6 Min

图 7-28　导入的流体压力

Step 6：计算求解

❖ 右键单击模型树节点 Solution，之后单击弹出菜单项 Solve 进行求解计算，如图 7-29 所示。

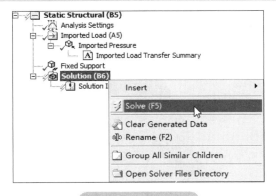

图 7-29　求解计算

此时可插入应力、应变、位移等参数进行后处理查看，如图 7-30 所示。

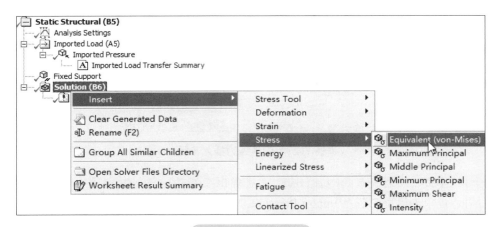

图 7-30　插入应力

❖ 参数插入完毕后，可右键单击模型树节点 Solution，选择弹出菜单 Evaluate All Results 进行结果更新，如图 7-31 所示。

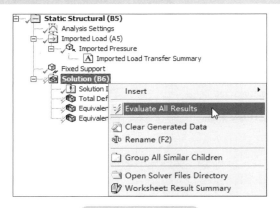

图 7-31　更新结果

等效应力计算结果如图 7-32 所示。

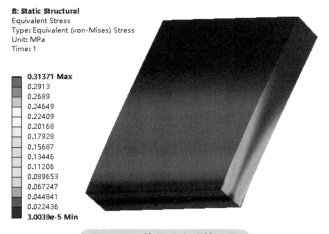

图 7-32　等效应力计算结果

位移分布如图 7-33 所示。

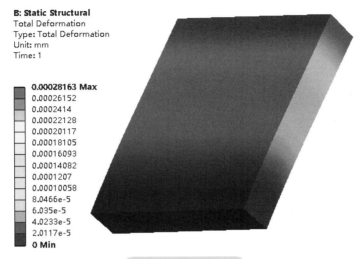

图 7-33 位移分布

 ❖ 关闭 Mechanical 模块，返回至 Workbench。

💡 提示：可以利用 CFD-Post 同时显示流体和固体物理量。

物理量分布如图 7-34 所示。

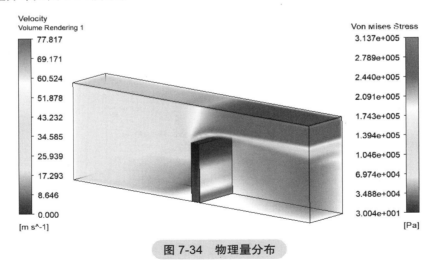

图 7-34 物理量分布

7.2 【实例 2】流体域中柔性挡板受力

当固体材料较软时，在流体作用下其发生较大变形，从而影响到原有流场分布，此时应该考虑利用双向流固耦合计算。本实例沿用上一个实例的几何模型，考虑双向耦合作用下，固体材料的应力应变。实例中固体采用超弹性橡胶材料。

7.2.1　计算流程

搭建的计算流程如图 7-35 所示。其中几何模型在流体流程中导入，双向耦合数据通过 System Coupling 进行中转。

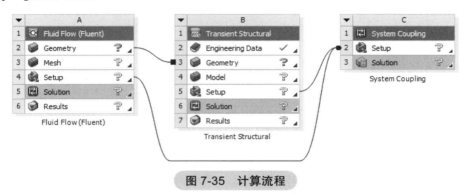

图 7-35　计算流程

　提示：双向耦合计算通常为瞬态计算。

7.2.2　几何模型

本实例模型采用导入方式加载。

❖ 右键单击 A2 单元格，选择弹出菜单 Import Geometry → Browse... 添加几何文件 ex7-2\FFF.scdoc，如图 7-36 所示。

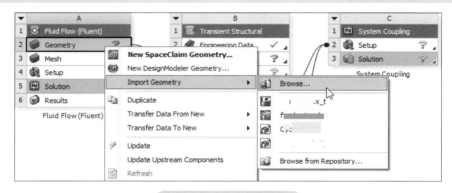

图 7-36　导入几何模型

7.2.3　流体网格生成

本实例由于涉及边界区域大变形，为配合后续的网格重构，故采用三棱柱网格划分。在后面的动网格设置中，采用 2.5D 网格重构。

❖ 双击 A3 单元格进入 Mesh 模块。

❖ 右键单击模型树节点 FFF/Solid，单击弹出菜单项 Suppress Body 去除部分固体几何，如图 7-37 所示。

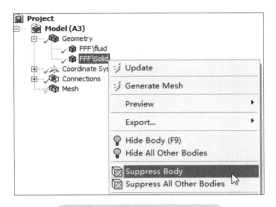

图7-37 去除部分固体几何

❖ 右键单击模型树节点Mesh，选择弹出菜单Insert→Method插入新的方法，如图7-38所示。

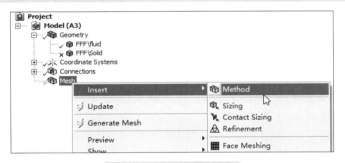

图7-38 插入网格方法

❖ 在参数设置窗框中设置 Geometry 为整个流体域几何，设置 Method 为 Sweep，设置 Free Face Mesh Type 为 All Tri，其他参数保持默认，如图7-39所示。

Scope	
Scoping Method	Geometry Selection
Geometry	1 Body
Definition	
Suppressed	No
Method	Sweep
Element Order	Use Global Setting
Src/Trg Selection	Automatic
Source	Program Controlled
Target	Program Controlled
Free Face Mesh Type	All Tri
Type	Number of Divisions
☐ Sweep Num Divs	Default
Element Option	Solid
Advanced	
Sweep Bias Type	No Bias

图7-39 设置扫掠参数

❖ 右键单击模型树节点Mesh，选择弹出菜单Insert→Sizing插入网格尺寸，如图7-40所示。

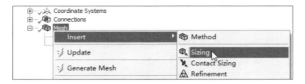

图 7-40　插入网格尺寸

❖ 设置 Geometry 为流体域几何体，设置 Element Size 为 4mm，设置 Behavior 为 Hard，如图 7-41 所示。

Scope	
Scoping Method	Geometry Selection
Geometry	1 Body
Definition	
Suppressed	No
Type	Element Size
☐ Element Size	4. mm
Advanced	
☐ Defeature Size	Default (7.9789e-002 mm)
Size Function	Uniform
Behavior	Hard

图 7-41　网格尺寸参数

❖ 右键单击模型树节点 Mesh，单击弹出菜单项 Generate Mesh 生成网格。
❖ 命名几何边界，如图 7-42 所示。

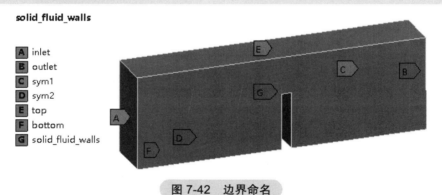

solid_fluid_walls

A inlet
B outlet
C sym1
D sym2
E top
F bottom
G solid_fluid_walls

图 7-42　边界命名

7.2.4　Fluent 设置

❖ 关闭 Mesh 模块返回至 Workbench 工作界面。
❖ 右键单击 A3 单元格，选择弹出菜单 Update 更新单元格。
❖ 双击 A4 单元格进入 Fluent。

Step 1：General 设置

设置采用瞬态计算。

❖ 双击模型树节点 General，右侧面板中设置 Time 选项为 Transient，如图 7-43 所示。

图7-43 设置瞬态计算

Step 2：Models 设置

❖ 选择 Realizable k-epsilon 湍流模型进行计算，如图 7-44 所示。

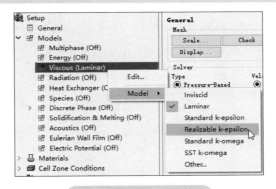

图7-44 湍流模型设置

Step 3：Boundary Conditions 设置

❖ 设置入口速度为 20 m/s，其他边界保持默认设置，如图 7-45 所示。

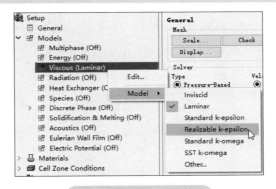

图7-45 设置入口边界

Step 4： Dynamic Mesh 设置

需要设置流固交界面为 system coupling 类型，并且设置对称面为 deforming。

❖ 双击模型树节点 Dynamic Mesh，右侧面板中激活选项 Dynamic Mesh。

❖ 如图 7-46 所示，激活 Mesh Methods 选项为 Smoothing 及 Remeshing，单击 Settings... 按钮设置参数。

图 7-46　动网格选项

❖ 在弹出的对话框中切换至 Remeshing 标签页，激活 2.5D 方法，如图 7-47 所示。

❖ 单击 User Defaults 按钮，软件自动根据划分的网格填入合适的参数。

❖ 单击 OK 按钮关闭对话框。

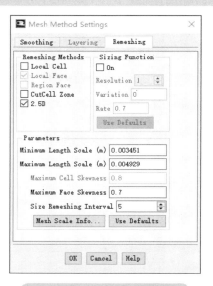

图 7-47　网格重构参数设置

❖ 单击 Create/Edit... 按钮弹出动网格区域定义对话框，如图 7-48 所示。

图 7-48　创建动网格区域

❖ 设置 Zone Name 下拉列表框为 solid_fluid_walls。

❖ 设置 Type 为 System Coupling。

❖ 切换参数设置面板至 Mesh Options 标签页，设置 Cell Height 为 0.004 m，单击 Create 按钮创建动网格区域，如图 7-49 所示。

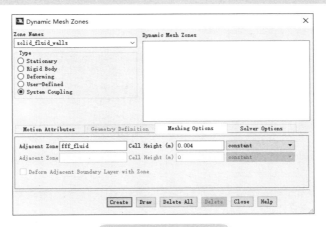

图 7-49　创建动区域

❖ 如图 7-50 所示，选择 Zone Names 为 Sym1 边界，设置 Type 为 Deforming，参数定义如图 7-51 所示。

❖ 采用同样方式定义 sym2 边界，如图 7-52 所示。

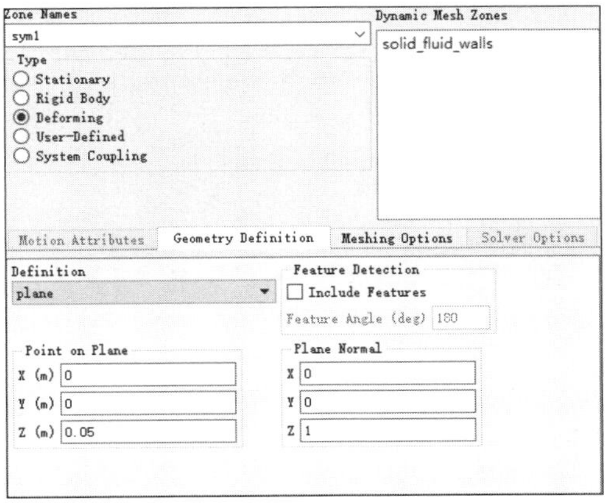

图 7-50　设置变形区域

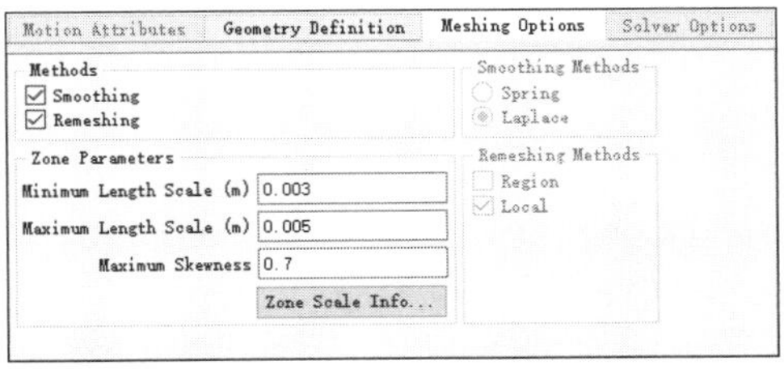

图 7-51　sym1 边界参数定义

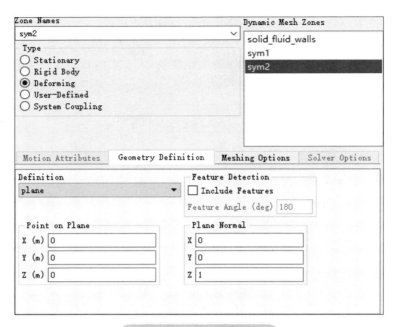

图 7-52　　sym2 参数设置

Step 5：Initialization 设置

❖ 右键单击模型树节点 Initialization，单击弹出菜单项 Initialize 进行初始化，如图 7-53 所示。

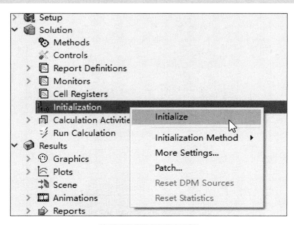

图 7-53　初始化

Step 6：Calculation Activities 设置

设置数据自动保存。

❖ 双击模型树节点 Calculation Activities → Autosave(Every Time Steps)。

❖ 设置参数 Save Data File Every（Time Steps）为 1。

❖ 激活选项 Each Time，如图 7-54 所示。

图 7-54 自动保存设置

提示：确保激活选项 Each Time，否则移动后的网格 cas 文件不会被保存。

Step 7：Run Calculation 设置

❖ 双击模型树节点 Run Calculation。

❖ 设置 Number of Time Steps 为 1，其他参数保持默认设置，如图 7-55 所示。

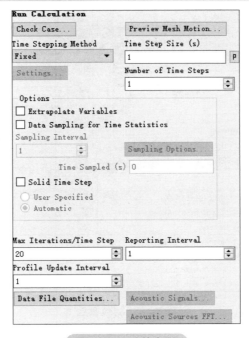

图 7-55 计算参数

提示：这里的 Time Step Size 及 Number of Time Steps 参数并不用于控制 Fluent 计算，但是确保这两个参数不能为 0。耦合计算中 Fluent 的时间步长及时间步数受 System Coupling 统一控制。

至此，Fluent 设置完毕，关闭 Fluent 返回至 Workbench 工作窗口。

7.2.5 固体模块设置

Step 1：材料设置

❖ Workbench 界面中双击 B2 单元格进入 Engineering Data 模块。
❖ 新建一种材料 Rubber，添加 Density 属性及 Mooney-Rivlin 本构关系，如图 7-56 所示。

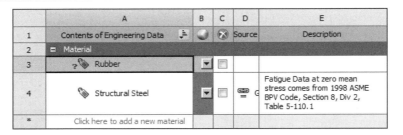

图 7-56　新建材料

❖ 设置密度为 50 kg/m³，Mooney-Rivlin 模型参数 C10 位 1e6 Pa，C01 为 0 Pa，D1 为 2e8，如图 7-57 所示。

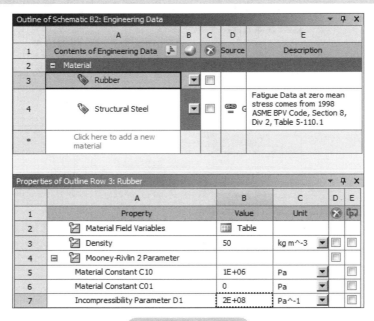

图 7-57　材料参数

Step 2：几何处理

❖ Workbench 界面中双击 B4 单元格进入 Mechanical 模块。
❖ 右键选择模型树节点 Geometry → FFF-1\fluid，单击弹出菜单项 Suppress Body 去除流体几何，如图 7-58 所示。

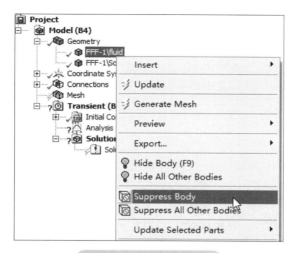

图 7-58 去除流体几何

❖ 右键单击模型树节点 Model，选择弹出菜单 Insert → Symmetry，如图 7-59 所示。

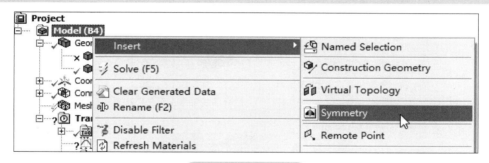

图 7-59 插入对称

❖ 右键单击模型树节点 Symmetry，选择弹出菜单 Insert → Symmetry Region 插入对称区域，如图 7-60 所示。

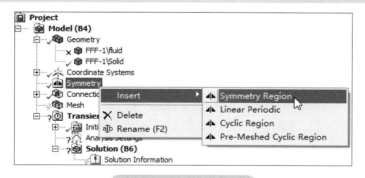

图 7-60 插入对称区域

❖ 设置 Geometry 为固体几何的两个侧面，如图 7-61 所示。
❖ 设置 Symmetry Plane 为 Z Axis，其他参数保持默认设置。

Scope	
Scoping Method	Geometry Selection
Geometry	2 Faces
Definition	
Scope Mode	Manual
Type	Symmetric
Coordinate System	Global Coordinate System
Symmetry Normal	Z Axis
Suppressed	No

图 7-61　插入对称

❖ 右键选择模型树节点 Geometry → FFF-1\Solid，属性窗口中设置 Assignment 为 Rubber，如图 7-62 所示。

⊞ **Graphics Properties**	
⊟ **Definition**	
☐ Suppressed	No
Stiffness Behavior	Flexible
Coordinate System	Default Coordinate System
Reference Temperature	By Environment
Behavior	None
⊟ **Material**	
Assignment	Rubber
Nonlinear Effects	Yes
Thermal Strain Effects	Yes
⊞ **Bounding Box**	
⊞ **Properties**	
⊞ **Statistics**	
⊟ **CAD Attributes**	
PartTolerance:	.00000001
Color:143.175.143	

图 7-62　指定部件材料

Step 3：划分网格

指定几何体网格尺寸为 4 mm，设置 Behavior 为 Hard，如图 7-63 所示。

 小提示：指定 Behavior 为 Hard 的目的是为了保持流固耦合面上网格节点一致。

Scope	
Scoping Method	Geometry Selection
Geometry	1 Body
Definition	
Suppressed	No
Type	Element Size
☐ Element Size	4. mm
Advanced	
☐ Defeature Size	Default
Behavior	Hard

图 7-63　指定网格尺寸

生成的网格如图 7-64 所示。

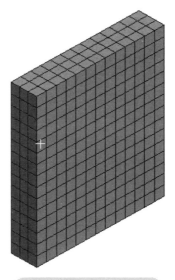

图 7-64　固体计算网格

Step 4：计算参数设置

❖ 双击模型树节点 Analysis Settings，设置 Auto Time Stepping 为 Off，设置 Define By 为 Substeps，设置 Number of Substeps 为 1，如图 7-65 所示。

Step Controls	
Number Of Steps	1.
Current Step Number	1.
Step End Time	1. s
Auto Time Stepping	Off
Define By	Substeps
Number Of Substeps	1.
Time Integration	On
Solver Controls	
Solver Type	Program Controlled
Weak Springs	Off
Large Deflection	On

图 7-65　计算参数

> **注意**：这里的时间步长及时间步数在实际计算过程中并不起作用，实际计算采用的是 System Coupling 中设置的时间步长和时间步数。

Step 5：添加约束及流固耦合面

❖ 利用 Fixed Support 固定约束固体部件的底部面。
❖ 为固体部件的三个耦合面添加 Fluid Solid Interface 约束。

添加完毕后模型树如图 7-66 所示。

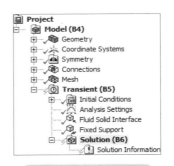

图 7-66　模型树节点

至此，Mechanical 设置完毕，关闭 Mechanical 模块，返回至 Workbench 工作界面。

7.2.6　System Coupling 设置

❖ 右键单击模型树节点 B5，单击弹出菜单项 Update 进行数据更新。

❖ 双击 C2 单元格进入 System Coupling 参数设置界面。

❖ 单击 Analysis Settings，设置 End Time 为 0.01s，设置 Step Size 为 0.001s，如图 7-67 所示。

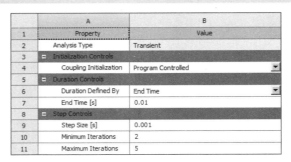

	A	B
1	Property	Value
2	Analysis Type	Transient
3	⊟ Initialization Controls	
4	Coupling Initialization	Program Controlled
5	⊟ Duration Controls	
6	Duration Defined By	End Time
7	End Time [s]	0.01
8	⊟ Step Controls	
9	Step Size [s]	0.001
10	Minimum Iterations	2
11	Maximum Iterations	5

图 7-67　参数设置

❖ 按键盘 Ctrl 键同时选中 Solid_fluid_walls 及 Fluid Solid Interface，单击鼠标右键，选择弹出菜单 Create Data Transfer，如图 7-68 所示。

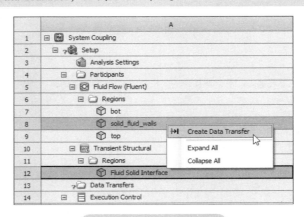

	A
1	⊟ System Coupling
2	⊟ Setup
3	Analysis Settings
4	⊟ Participants
5	⊟ Fluid Flow (Fluent)
6	⊟ Regions
7	bot
8	solid_fluid_walls
9	top
10	⊟ Transient Structural
11	⊟ Regions
12	Fluid Solid Interface
13	Data Transfers
14	⊟ Execution Control

图 7-68　创建数据传递

❖ 单击左上角按钮 ⚡ Update 开始流固耦合计算。

计算完毕后可在 system coupling 中查看收敛曲线，如图 7-69 所示。

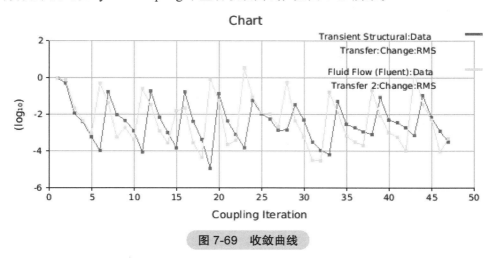

图 7-69　收敛曲线

关闭 System Coupling 模块返回至 Workbench 工作界面。

7.2.7　计算后处理

后处理可以在各自单独模块后处理中进行，也可以通过 CFD-Post 在同一界面中进行后处理。本例采用 CFD-Post 进行后处理。

❖ 拖拽 Result 模块到流程面板中，并进行数据连接，如图 7-70 所示。

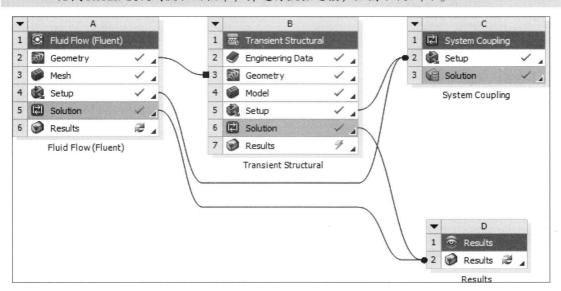

图 7-70　添加后处理模块

❖ 双击 D2 单元格进入 CFD-Post，按常规的后处理方式进行数据可视化操作，如图 7-71 所示。

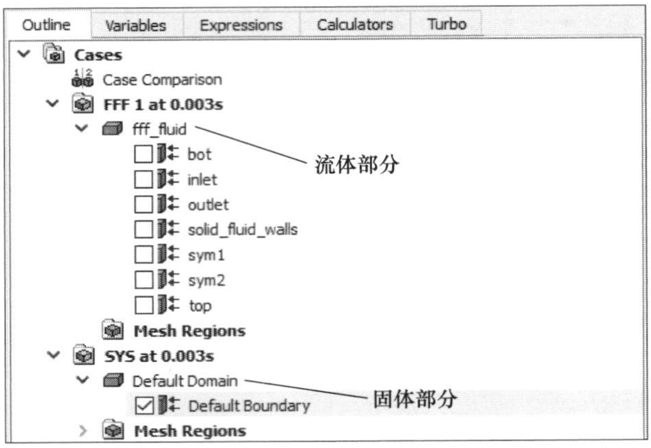

图 7-71　后处理操作

一些物理量分布如图 7-72 所示。

图 7-72　应力及压力显示

7.3　【实例3】流致振动计算

7.3.1　实例描述

本实例利用双向耦合方法计算流体区域中的管道在流体作用下的振动情况。实例三维几何模型如图 7-73 所示。

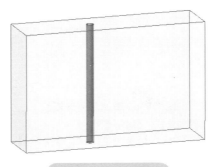

图 7-73　几何模型

几何模型横截面尺寸如图 7-74 所示，拉伸厚度为 100cm。流体域中的管道外径为 3cm，厚度 0.5cm。

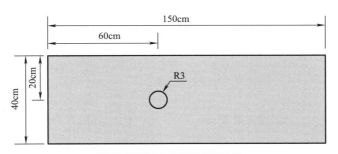

图 7-74　计算域截面尺寸

流体入口速度为 3m/s，流动介质为水，出口为压力出口，其出口静压为大气压。固体管道材料为结构钢，其弹性模量为 2e11 Pa，泊松比为 0.3。

构建如图 7-75 所示的双向流固耦合计算流程。

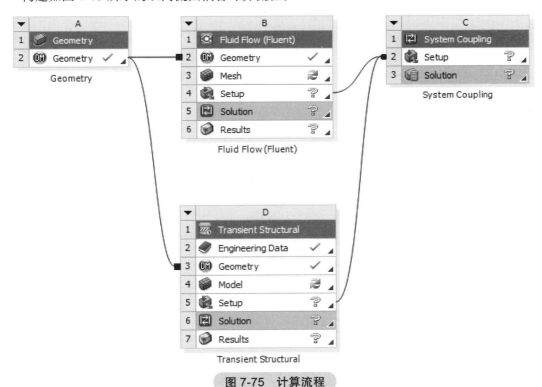

图 7-75　计算流程

7.3.2　几何模型

实例几何模型采用导入的方式加载。

❖ 右键单击 A2 单元格，如图 7-76 所示，单击弹出菜单项 Import Geometry Browse…，在弹出文件选择对话框中选择几何文件 ex7-3\pipe.agdb。

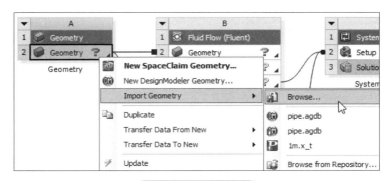

图 7-76 导入几何

基于模型的对称性，将几何切割成一半进行计算。

❖ 双击 A2 单元格进入 DM 模块。
❖ 选择菜单 Create New Plane 创建新的基准面，如图 7-77 所示。

图 7-77 创建基准面

❖ 如图 7-78 所示，设置 Type 为 From Plane，设置 Base Plane 为 ZXPlane，设置 Transform 1 为 Offset Z，设置偏移值为 20cm，单击 Generate 按钮生成平面。

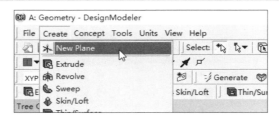

Details of Plane5	
Plane	Plane5
Type	From Plane
Base Plane	ZXPlane
Transform 1 (RMB)	Offset Z
☐ FD1, Value 1	20 cm
Transform 2 (RMB)	None
Reverse Normal/Z-Axis?	No
Flip XY-Axes?	No
Export Coordinate System?	No

图 7-78 Plane 参数

❖ 选择菜单 Tools Symmetry 插入对称，在属性窗口中设置 Symmetry Plane 为前面定义的基准面，如图 7-79 所示，其他参数保持默认设置，单击工具栏按钮 Generate 生成对称模型。

Details of Symmetry3	
Symmetry	Symmetry3
Number of Planes	1
Symmetry Plane 1	Plane5
Model Type	Full Model
Target Bodies	All Bodies
Export Symmetry	Yes

图 7-79 对称参数

完成的几何模型如图 7-80 所示。

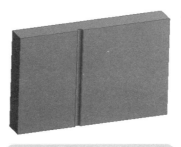

图 7-80 最终计算几何模型

7.3.3 网格划分

❖ 双击 B3 单元格进入流体网格划分模块。

❖ 右键单击模型树节点 Solid，单击弹出菜单项 Suppress Body 去除固体几何，如图 7-81 所示。

❖ 右键单击模型树节点 Mesh，选择菜单项 Insert → Method。

❖ 属性窗口中设置 Geometry 为整个流体域几何体，设置 Method 为 Sweep，设置 Src/Trg Selection 为 Manual Source，并在图形窗口中选择拉伸面作为 Source 面。设置 Free Face Mesh Type 为 All Tri，如图 7-82 所示。

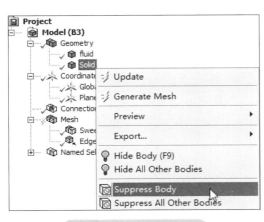

图 7-81 去除固体几何

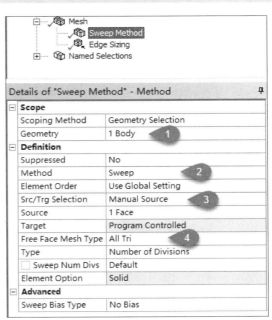

图 7-82 扫掠方法

❖ 右键单击模型树节点 Mesh，选择弹出菜单 Insert → Sizing，属性窗口中设置 Geometry 为如图 7-83 所示的小圆弧边，设置 Type 为 Element Size，设置尺寸为 5 mm，如图 7-83 所示。

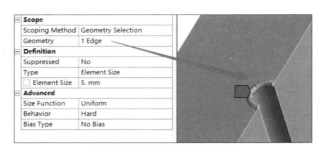

图 7-83　插入边网格尺寸

❖ 右键单击模型树节点 Mesh，单击弹出菜单项 Generate Mesh 生成网格。
❖ 按图 7-84 所示对几何体进行边界命名。

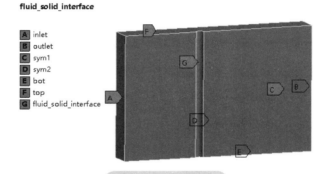

图 7-84　边界命名

❖ 关闭 Mesh 模块，返回至 Workbench 工作界面。

7.3.4　Fluent 设置

❖ 在 Workbench 工作界面中，右键单击 B3 单元格，单击弹出菜单项 Update 更新网格。
❖ 双击 B4 单元格进入 Fluent。

Step 1： General 设置

❖ 双击 General 节点，右侧面板中设置 Transient，如图 7-85 所示。

图 7-85　General 设置

Step 2：Models 设置

选择 Realizable k-epsilon 湍流模型。

❖ 右键单击模型树节点 Viscous(inviscid)，选择弹出菜单 Model → Realizable k-epsilon 激活 Realizable k-epsilon 湍流模型，如图 7-86 所示。

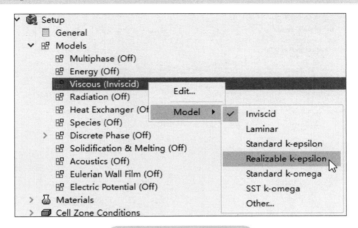

图 7-86 选择湍流模型

Step 3：Materials 设置

添加材料 water。设置其密度为 1000kg/m³，动力黏度 0.001kg/(m · s)，如图 7-87 所示。

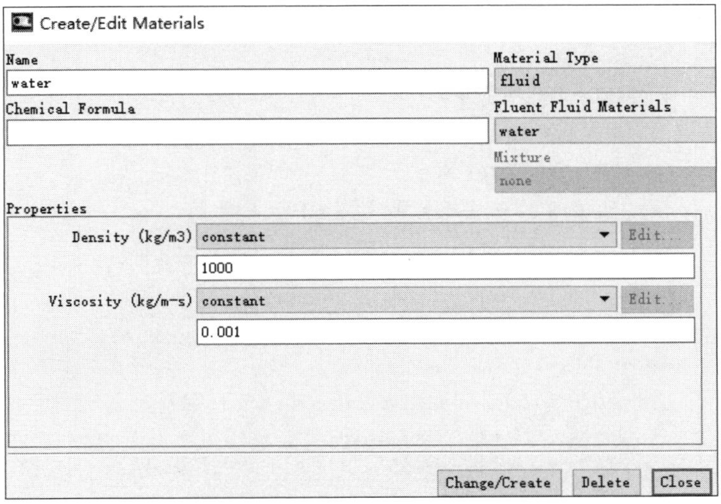

图 7-87 材料参数

Step 4：Cell Zone Conditions

❖ 双击模型树节点 Cell Zone Conditions → fluid，弹出区域定义对话框如图 7-88 所示。

❖ 对话框中设置 Material Name 为前面定义的材料 water。

❖ 单击 OK 按钮关闭对话框。

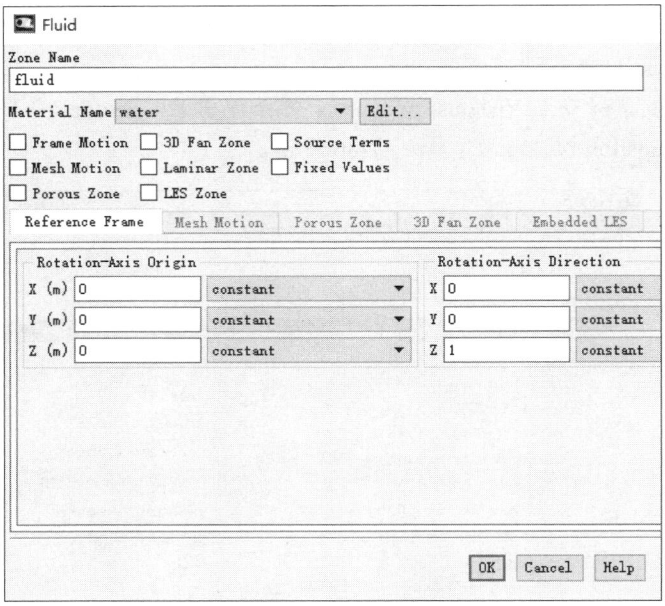

图 7-88　区域定义

Step 5：Boundary Conditions

边界条件中，只需要设置 inlet 边界。

❖ 双击模型树节点 Boundary Conditions → inlet，弹出边界条件定义对话框，如图 7-89 所示。

❖ 设置 Velocity Magnitude 为 5m/s。

❖ 设置 Turbulent Intensity 为 5%。

❖ 设置 Turbulent Viscosity Ratio 为 5。

❖ 其他参数保持默认设置，单击 OK 按钮关闭对话框。

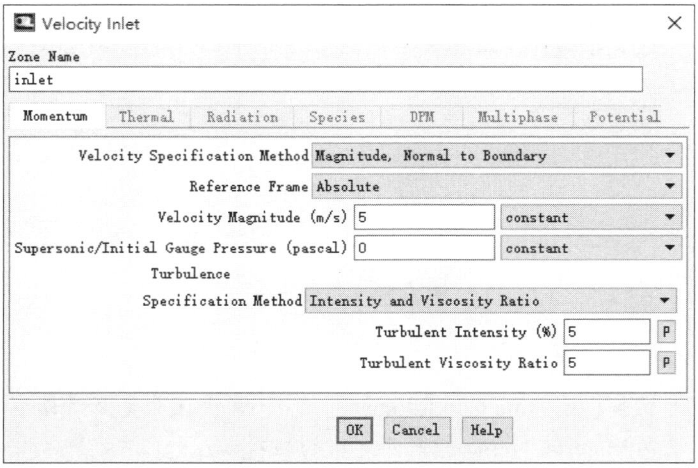

图 7-89　边界条件设置

其他边界采用默认设置即可。

Step 6： Dynamic Mesh 设置

❖ 双击模型树节点 Dynamic Mesh，右侧面板中激活 Smoothing 及 Remeshing 选项，如图 7-90 所示。

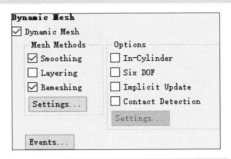

图 7-90　激活 Smoothing 与 Remeshing

❖ 单击 Settings... 按钮打开设置对话框。

❖ 进入 Smoothing 标签页，设置 Method 为 Diffusion，如图 7-91 所示。

❖ 设置 Diffusion Function 为 boundary-distance，设置 Diffusion Parameter 为 1.5。

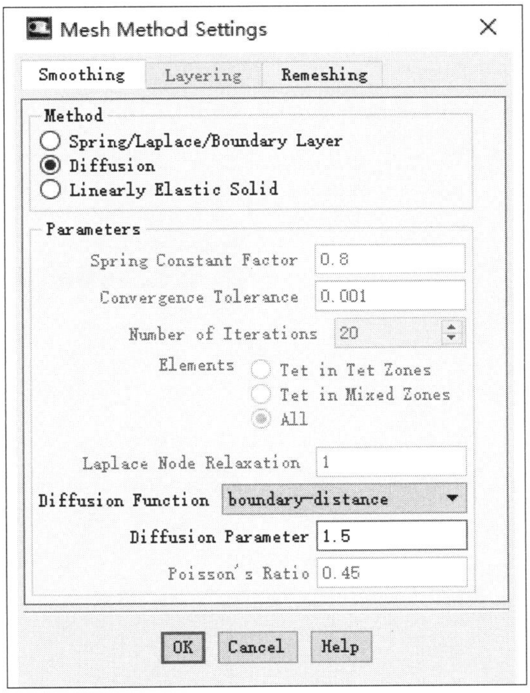

图 7-91　Smoothing 参数设置

❖ 如图 7-92 所示，切换至 Remeshing 标签页，激活 Remeshing Methods 下的 Local Cell、Local Face 及 Region Face，单击 Parameters 下方的 Use Defaults 按钮，软件自动填入参数。

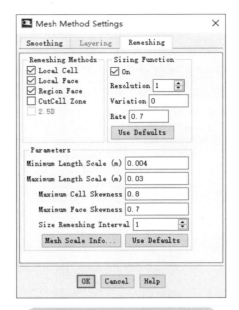

图 7-92 Remeshing 参数设置

❖ 单击 OK 按钮关闭参数设置对话框。

❖ 双击模型树节点 Dynamic Mesh，右侧面板中单击 Create/Edit... 按钮打开动网格区域创建对话框，选择 Zone Names 下拉列表框中 fluid_solid_interface，设置 Type 为 System Coupling，设置 Meshing Options 标签页下 Cell Height 为 0.005m，单击 Create 按钮创建动区域，如图 7-93 所示。

图 7-93 动网格区域

❖ 选择 Zone Names 下拉列表框中 sym1，设置 Type 为 Deforming，设置 Geometry Definition 标签页下 Definition 为 Plane。

❖ 设置 Point on Plane 为（0，0.2，0），设置 Plane Normal 为（0，1，0），如图 7-94 所示。

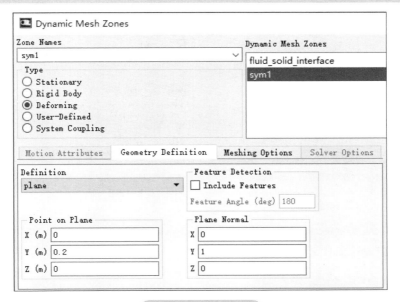

图 7-94 变形区域

❖ 切换至 Meshing Options 标签页，按图 7-95 所示进行设置，单击 Create 按钮创建变形区域 sym1。

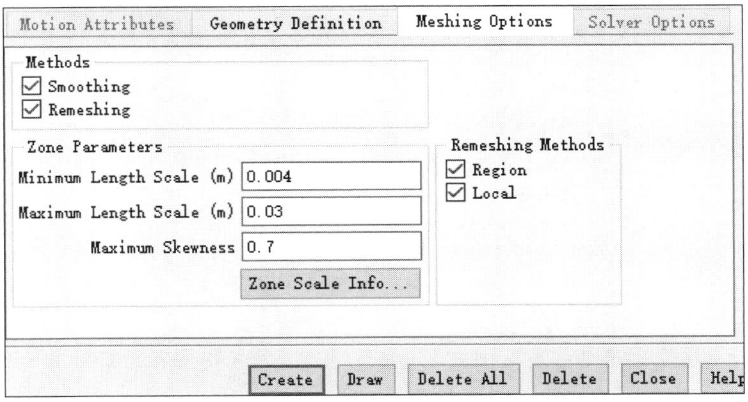

图 7-95 网格参数

❖ 关闭动网格设置对话框。

Step 7：Initialization

❖ 右键单击模型树节点 Initialization，单击弹出菜单项 Initialize 进行初始化计算，如图 7-96 所示。

Step 8：Auto Save 设置

❖ 双击模型树节点 Calculation Activities → Autosave，弹出自动保存设置对话框，设置 Save Data File Every 为 1，激活选项 Each Time，其他参数保持默认设置，单击 OK 按钮关闭对话框，如图 7-97 所示。

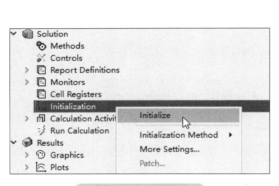

图 7-96　初始化计算

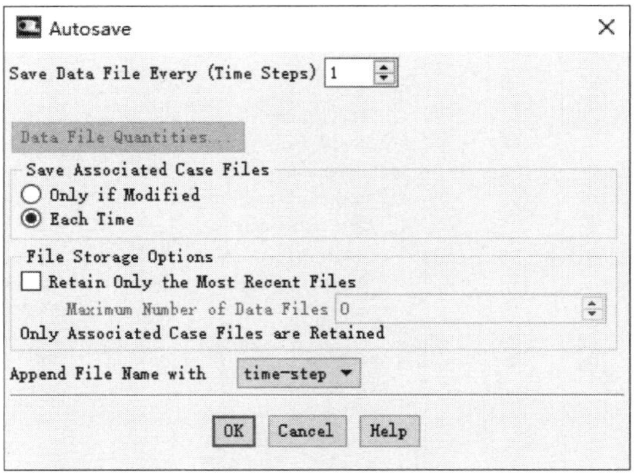

图 7-97　自动保存

Step 9：Run Calculation 设置

❖ 双击模型树节点 Run Calculation。

❖ 右侧面板中设置 Number of Time Steps 为 1，如图 7-98 所示。

❖ 其他参数保持默认设置，关闭 Fluent 返回至 Workbench 工作界面。

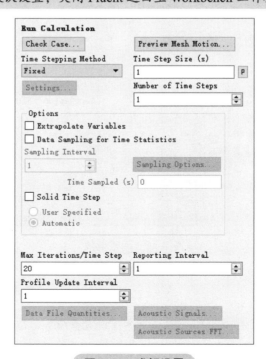

图 7-98　求解设置

7.3.5　Mechanical 模块设置

❖ Workbench 界面中双击 D4 单元格进入 Mechanical 模块。

❖ 右键选择模型树节点 Geometry → fluid，单击弹出菜单项 Suppress Body 去除流体几何，如图 7-99 所示。

❖ 右键选择模型树节点 Symmetry → Symmetry Region，确保属性窗口中 Symmetry Normal 为 Y Axis，如图 7-100 所示。

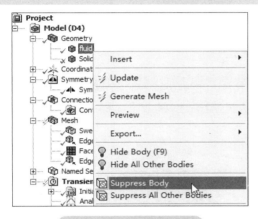

图 7-99　去除流体几何

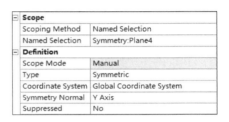

图 7-100　设置对称轴

Step 1：网格划分

本实例采用 sweep 方法划分计算网格，同时对几何边进行网格尺寸控制。

❖ 右键单击模型树节点 Mesh，选择弹出菜单项 Insert → Method 插入网格方法，如图 7-101 所示。

❖ 扫掠参数如图 7-102 所示，其中 Source 面为几何上下底面中的任一半圆环面。

图 7-101　插入网格方法

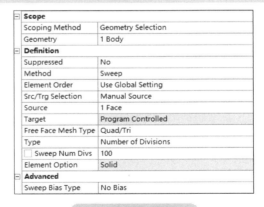

图 7-102　扫掠参数

❖ 右键单击模型树节点 Mesh，选择弹出菜单项 Insert → Sizing 插入网格尺寸参数，选择 Geometry 为图 7-103 所示的两条半圆边，设置 Type 为 Number of Divisions，并设置 Number of Divisions 为 40，设置 Behavior 为 Hard。

Scope	
Scoping Method	Geometry Selection
Geometry	2 Edges
Definition	
Suppressed	No
Type	Number of Divisions
☐ Number of Divisions	40
Advanced	
Behavior	Hard
Bias Type	No Bias

图 7-103 尺寸参数

❖ 右键单击模型树节点 Mesh，选择弹出菜单 Insert → Sizing 插入另一个网格尺寸参数，设置 Geometry 为几何中的 4 条短边，并设置 Number of Divisions 为 4，如图 7-104 所示。

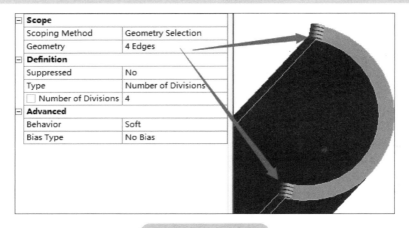

Scope	
Scoping Method	Geometry Selection
Geometry	4 Edges
Definition	
Suppressed	No
Type	Number of Divisions
☐ Number of Divisions	4
Advanced	
Behavior	Soft
Bias Type	No Bias

图 7-104 尺寸参数

❖ 右键单击模型树节点 Mesh，单击弹出菜单项 Generate Mesh 生成网格。

Step 2：边界条件

❖ 双击模型树节点 Transient(D5)。

❖ 图形窗口选中外圆柱面，单击鼠标右键，选择弹出菜单项 Insert Fluid Solid Interface，插入流固耦合面。

❖ 图形窗口选中负 Z 方向圆环面，单击鼠标右键，选择弹出菜单项 Insert Fixed Support，插入固定边界。

❖ 图形窗口中选择正 Z 方向圆环面，单击鼠标右键，选择弹出菜单项 Insert Displacement，插入位移边界，属性窗口中设置 X Component 及 Y Component 均为 0。

Step 3：计算条件

❖ 选择模型树节点 Transient → Analysis Settings。

❖ 属性窗口中设置 Auto Time Stepping 为 Off，设置 Defined By 为 Substeps，设置 Number of Substeps 为 1，其他参数保持默认设置，如图 7-105 所示。

⊟	**Step Controls**	
	Number Of Steps	1.
	Current Step Number	1.
	Step End Time	1. s
	Auto Time Stepping	Off
	Define By	Substeps
	Number Of Substeps	1.
	Time Integration	On
⊞	**Solver Controls**	
⊞	**Restart Controls**	
⊞	**Nonlinear Controls**	
⊞	**Output Controls**	
⊞	**Damping Controls**	
⊞	**Analysis Data Management**	
⊞	**Visibility**	

图 7-105　分析参数

关闭 Mechanical 模块，返回至 Workbench 工作界面。

7.3.6　System Coupling 模块设置

❖ Workbench 工作界面下，右键单击 D5 单元格，单击弹出菜单项 Update 进行更新，如图 7-106 所示。

❖ 双击 C2 单元格进入 System Coupling 模块。

❖ 右键单击 A3 单元格 Analysis Settings，属性窗口设置 End Time 为 0.1s，设置 Step Size 为 0.005s，设置 Minimum Iterations 为 2，Maximum Iterations 为 5，如图 7-107 所示。

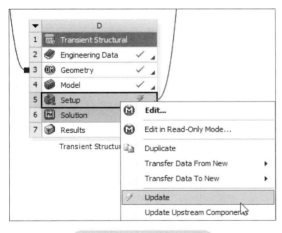

图 7-106　更新单元格

	A	B
1	Property	Value
2	Analysis Type	Transient
3	⊟ Initialization Controls	
4	Coupling Initialization	Program Controlled
5	⊟ Duration Controls	
6	Duration Defined By	End Time
7	End Time [s]	0.1
8	⊟ Step Controls	
9	Step Size [s]	0.005
10	Minimum Iterations	2
11	Maximum Iterations	5

图 7-107　设置分析参数

❖ 按住键盘 Ctrl 键同时选择 fluid_solid_interface 及 Fluid Solid Interface，单击鼠标右键选择菜单项 Create Data Transfer 创建数据传递，如图 7-108 所示。

❖ 其他参数保持默认设置，单击左上角工具栏按钮 Update 进行耦合计算。

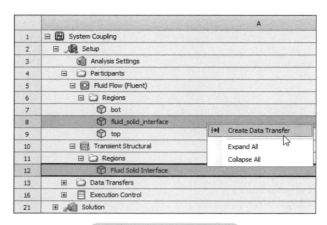

图 7-108 创建数据传递

7.3.7 计算后处理

本实例在 CFD-Post 中进行后处理。

Step 1: 后处理流程

❖ 拖拽Result模块至工程窗口中，同时连接B5及D6单元格至Result模块，如图7-109所示。

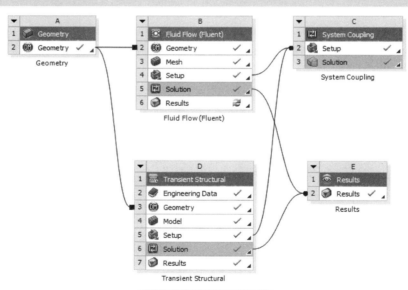

图 7-109 后处理流程

❖ 双击 E2 单元格进入 CFD-Post 模块。

Step 2: 查看应力及位移分布

❖ 激活模型树节点 SYS at 0.01s → Default Domain → Default Boundary，并双击该节点。
❖ 属性面板中设置 Mode 为 Variable。

❖ 设置 Variable 为 Von Mises Stress，设置 Range 为 Local，如图 7-110 所示。

❖ 单击下方按钮 Apply 显示管道上应力分布。

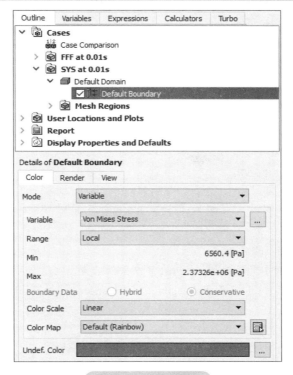

图 7-110 应力选项

管道上等效应力分布如图 7-111 所示。最小应力约为 6560 Pa，最大应力为 2.373 MPa。

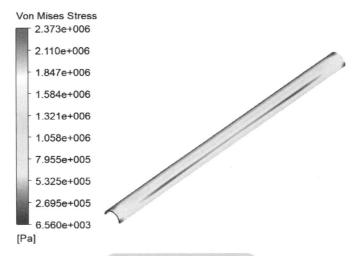

图 7-111 管道应力分布

❖ 采用相同步骤设置显示变量 Variable 为 Total Mesh Displacement X，可查看 X 方向总位移，如图 7-112 所示，X 方向最大位移出现在管道中部，位移量约为 5.914e-6m。

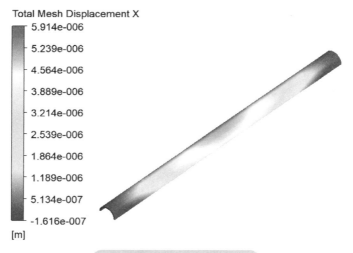

图 7-112　X 方向位移分布

查看流体压力分布

❖ 选择并激活模型树节点 fluid → sym1，双击该节点。

❖ 选择 Mode 为 Variable，设置 Variable 为 Pressure，设置 Range 为 Local，如图 7-113 所示。

❖ 单击 Apply 按钮显示压力分布。

对称面上压力分布如图 7-114 所示。

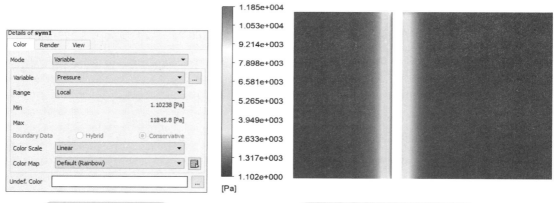

图 7-113　参数设置　　　　　　　图 7-114　对称面上压力分布

7.4 【实例 4】共轭传热计算

本实例利用 Fluent 计算共轭传热问题。

7.4.1　实例描述

实例几何如图 7-115 所示。流体域中存在一个固体区域，其中，固体域初始温度为 343K，其底部温度为 343K，其他边为与流体域耦合面。流体域中两条竖直边温度为 293K，其他边界为绝热边界。

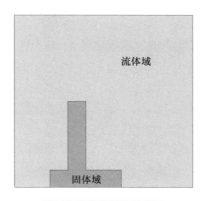

图 7-115　计算域几何

其中，固体域材料为铝合金，其密度为 2800kg/m³，比热为 880J/（kg·K），热传导系数为 180W/(m·K)，流体域介质为空气。考虑固体域与流体间的换热及流体区域内空气的自然对流状况。

7.4.2　导入几何

本实例可以在 Fluent 中直接计算求解。

❖ 启动 Workbench，拖拽 Fluid Flow(Fluent) 模块到流程窗口中。

❖ 右键单击 A2 单元格，选择弹出菜单 Import Geometry → Browse…，如图 7-116 所示，在弹出的文件对话框中选择几何文件 ex7-4\geom.agdb。

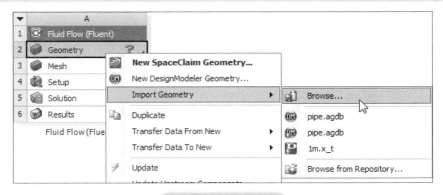

图 7-116　导入几何

7.4.3　划分网格

❖ 双击 A3 单元格进入 Mesh 模块。

❖ 如图 7-117 所示，右键单击模型树节点 Mesh，选择弹出菜单项 Insert → Face Meshing，在属性窗口中选择所有的面。

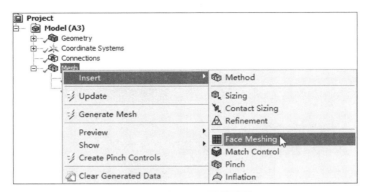

图 7-117　插入网格类型

 说明：将面指定为 Face Meshing，可生成全四边形网格。

❖ 右键单击模型树节点 Mesh，如图 7-118 所示，选择弹出菜单项 Insert → Sizing 插入
网格尺寸。

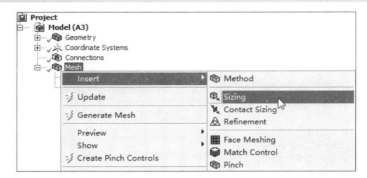

图 7-118　插入尺寸

❖ 如图 7-119 所示，在属性窗口中设置 Element Size 为 0.5mm。

Scope	
Scoping Method	Geometry Selection
Geometry	2 Faces
Definition	
Suppressed	No
Type	Element Size
Element Size	0.5 mm
Advanced	
Defeature Size	Default (1.0323e-002 mm)
Size Function	Uniform
Behavior	Soft
Growth Rate	Default (1.20)

图 7-119　尺寸参数

❖ 右键单击模型树节点 Mesh，单击弹出菜单项 Generate Mesh 生成计算网格。
❖ 为边界进行命名，如图 7-120 所示。

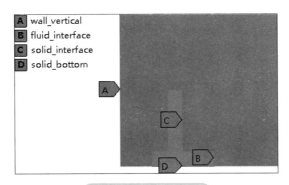

图 7-120 边界命名

> **提示**：在命名流体域与固体域交界面时，由于几何重叠不方便选择（如图 7-120 中的 B、C 边界），此时可先隐藏另外一区域再进行选择。

- ❖ 关闭 Mesh 模块，返回至 Workbench 工作界面。
- ❖ 右键单击 A3 单元格，单击弹出菜单项 Update 更新网格数据。

7.4.4　Fluent 设置

❖ 双击 A4 单元格进入 Fluent 模块。

Step 1：General 设置

❖ 双击模型树节点 General，右侧面板中设置激活选项 Gravity，并设置重力加速度为 (0,−9.81)，如图 7-121 所示。

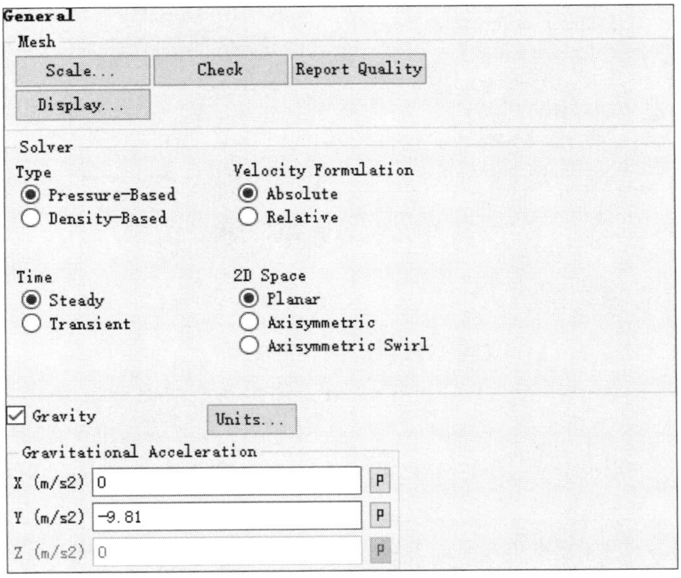

```
General
Mesh
  [Scale...]  [Check]  [Report Quality]
  [Display...]

Solver
Type                  Velocity Formulation
 ● Pressure-Based      ● Absolute
 ○ Density-Based       ○ Relative

Time                  2D Space
 ● Steady              ● Planar
 ○ Transient           ○ Axisymmetric
                       ○ Axisymmetric Swirl

☑ Gravity        [Units...]
Gravitational Acceleration
 X (m/s2) [0]        P
 Y (m/s2) [-9.81]    P
 Z (m/s2) [0]        P
```

图 7-121　General 设置

Step 2：Models 设置

激活能量方程与 Realizable k-epsilon 湍流模型。

❖ 如图 7-122 所示，右键选择模型树节点 Models → Energy，单击弹出菜单项 On 激活
能量方程。

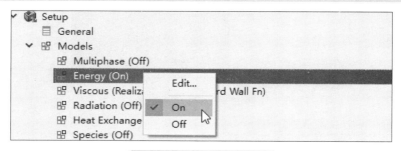

图 7-122　激活能量方程

❖ 右键单击模型树节点 Viscous，选择弹出菜单项 Models → Realizable k-epsilon，激活
Realizable k-epsilon 湍流模型，如图 7-123 所示。

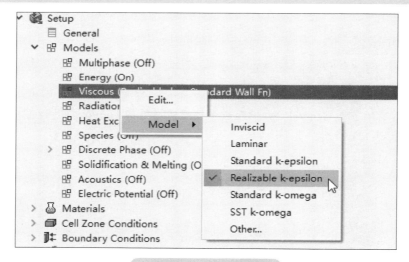

图 7-123　激活湍流方程

Step 3：Materials 设置

设置 air 为理想气体，并且修改固体材料热力学参数。

❖ 双击模型树节点 Materials → Fluid → air，弹出材料参数设置对话框，如图 7-124 所
示。

❖ 设置 Density 为 ideal-gas，其他参数保持默认设置，单击 Close 按钮关闭对话框。

💡 提示：模拟自然对流时，常将流体密度设置为 ideal-gas，可以考虑流体的可压缩性及流体受温
度的影响。

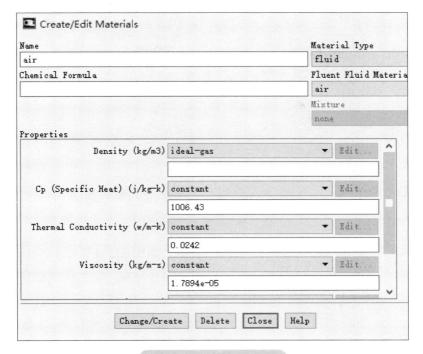

图 7-124　设置 air 材料

❖ 双击模型树节点 Materials → Fluid → aluminum，弹出材料参数设置对话框，如图 7-125 所示，设置 Density 为 2800kg/m³，设置 Cp 为 880J/(kg·K)，设置 Thermal Conductivity 为 180 W/(m·K)，单击按钮 Change/Create 修改材料参数。

❖ 单击 Close 按钮关闭对话框。

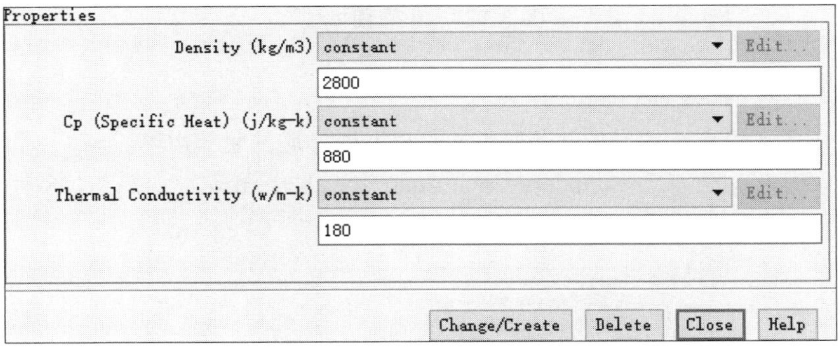

图 7-125　固体材料参数

Step 4：Cell Zone Conditions 设置

确保两个区域对应的材料正确。流体区域 fluid 材料为 air，固体区域 solid 对应的材料为 aluminum。

❖ 双击模型树节点 Cell Zone Conditions → fluid，弹出区域设置对话框，如图 7-126 所示，设置 Material Name 为 air，其他参数保持默认设置，单击 OK 按钮关闭对话框。

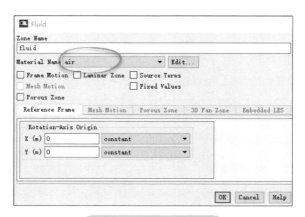

图 7-126 设置流体域

❖ 双击模型树节点 Cell Zone Conditions → solid，弹出区域设置对话框，如图 7-127 所示，设置 Material Name 为 aluminum，其他参数保持默认设置，单击 OK 按钮关闭对话框。

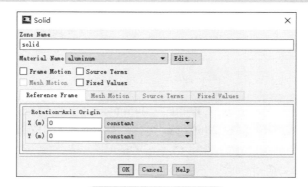

图 7-127 设置固体域

Step 5：Boundary Conditions 设置

边界条件中需要设置流体域的两条竖直边，以及固体域的底部边界。

❖ 右键选择模型树节点 Boundary Conditions → wall_vertical，如图 7-128 所示，单击弹出菜单项 Edit... 打开边界条件设置对话框。

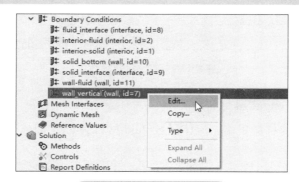

图 7-128 设置边界条件

❖ 切换至 Thermal 标签页，如图 7-129 所示，设置 Thermal Conditions 为 Temperature，并设置 Temperature 为 293K，其他参数保持默认设置，单击 OK 按钮关闭对话框。

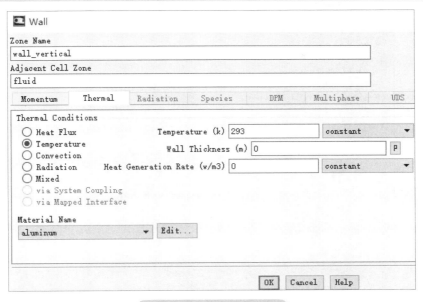

图 7-129　设置壁面温度

❖ 右键选择模型树节点 Boundary Conditions → solid_bottom，如图 7-130 所示。单击弹出菜单项 Edit... 打开边界条件设置对话框。

❖ 切换至 Thermal 标签页，设置 Thermal Conditions 为 Temperature，如图 7-131 所示，并设置 Temperature 为 343K，其他参数保持默认设置，单击 OK 按钮关闭对话框。

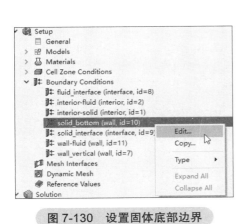

图 7-130　设置固体底部边界

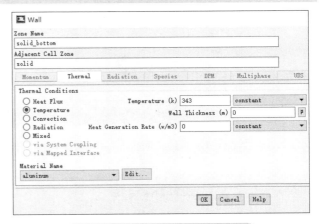

图 7-131　设置固体底部面温度

Step 6：Operating Conditions 设置

❖ 双击模型树节点 Boundary Conditions，单击右侧面板按钮 Operating Conditions... 打开操作条件设置对话框，如图 7-132 所示。

❖ 激活选项 Specified Operating Density。

❖ 设置 Operating Density 为 0。

❖ 其他参数保持默认设置，单击 OK 按钮关闭对话框。

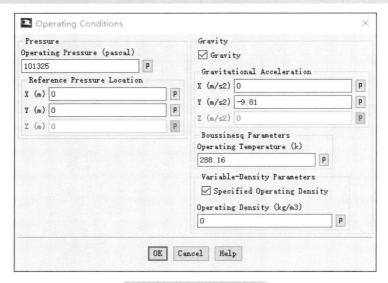

图 7-132　操作条件设置

Step 7: Mesh Interface 设置

在此设置流体域与固体域之间的耦合面。

❖ 双击模型树节点 Mesh Interface，弹出交界面定义对话框，如图 7-133 所示。

❖ 选中 Unassigned Interface Zones 列表框中的所有列表项，设置 Interface Name Prefix 为 int，单击按钮 Auto Create 自动创建交界面。

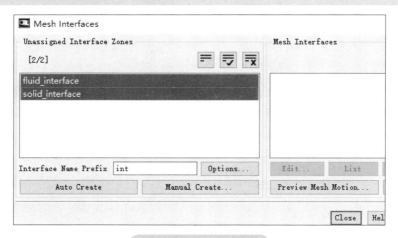

图 7-133　定义交界面

 提示：此功能为 Fluent 新版本所提供，低版本用户请手动创建 interface。

❖ 如图 7-134 所示，选中列表框中创建的交接面 int:01，单击下方按钮 Edit...，弹出设置对话框。

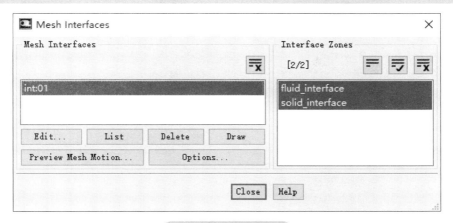

图 7-134　创建耦合

❖ 如图 7-135 所示，在弹出的 Edit Mesh Interfaces 对话框中，激活选项 Coupled Wall，单击按钮 Apply 设置该分界面为耦合面。

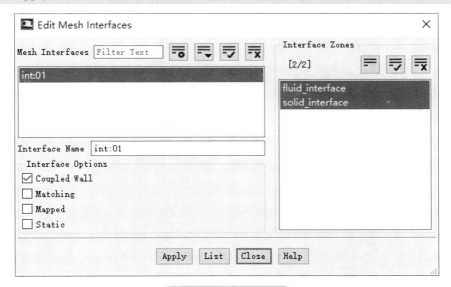

图 7-135　设置耦合

 注意：在共轭传热问题中，设置分界面为耦合面非常重要。

Step 8：Method 设置

❖ 双击模型树节点 Methods，右侧面板中设置 Scheme 为 Coupled，激活选项 Pseudo Transient、Warped-Face Gradient Correction，其他参数保持默认设置，如图 7-136 所示。

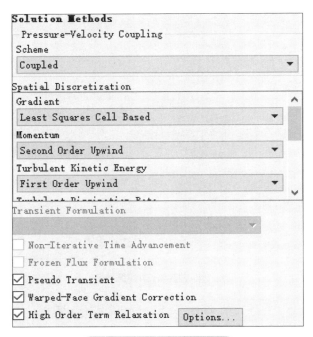

图 7-136　求解算法设置

Step 9：Initialization

❖ 如图 7-137 所示，右键单击模型树节点 Initialization，单击弹出菜单项 Initialize 进行初始化计算。

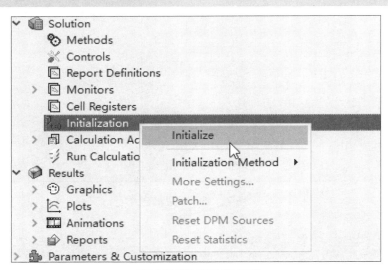

图 7-137　初始化计算

Step 10：Run Calculation

❖ 双击模型树节点 Run Calculation，右侧面板中设置 Number of Iterations 为 5000，如

图 7-138 所示，之后单击按钮 Calculate 进行计算。

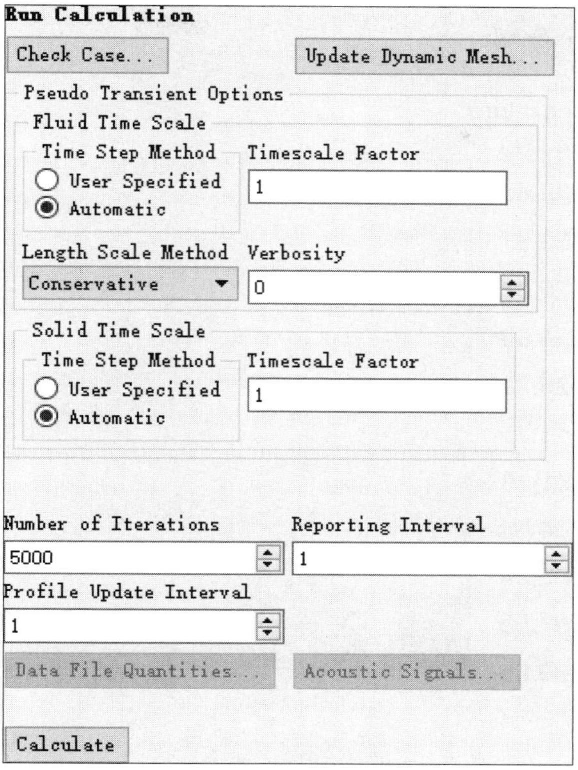

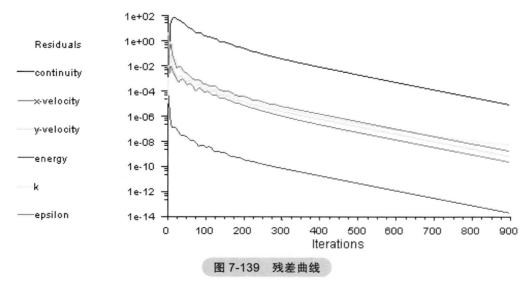

图 7-138　计算参数设置

如图 7-139 所示，计算在大约 500 步收敛到 1e-3，在约 890 步收敛到 1e-5。

图 7-139　残差曲线

❖ 关闭 Fluent，返回至 Workbench 工作界面。

7.4.5 计算后处理

❖ 双击 A6 单元格进入 CFD-Post 模块，在 CFD-Post 中查看温度分布，如图 7-140 所示。关于 CFD-Post 后处理过程这里不再赘述。

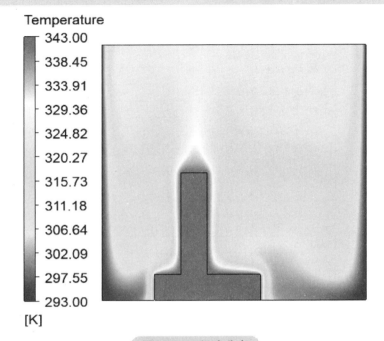

图 7-140　温度分布